先进钢铁材料
板带材热轧
高精度板形控制

High-precision Profile
Control of Advanced Steel Plate
and Strip

董强 著

化学工业出版社

·北京·

内 容 简 介

本书介绍了先进钢铁材料板带材热轧过程板形的高精度控制技术，包括热模拟实验研究方法、仿真模拟分析方法、轧辊磨损与疲劳研究方法、现场数据采集与分析方法和辊形设计方法等。本书全面分析了影响板形的主要因素，提出了一系列板形控制的方法，部分技术在现场应用中取得了良好效果。

本书可供从事先进钢铁材料热轧板形研究和轧钢生产的工程技术人员参考。

图书在版编目（CIP）数据

先进钢铁材料板带材热轧高精度板形控制／董强著.
北京：化学工业出版社，2025.3. -- ISBN 978-7-122
-47287-8

Ⅰ．TG335.11

中国国家版本馆 CIP 数据核字第 2025X7Z177 号

责任编辑：严春晖　张海丽
责任校对：田睿涵
装帧设计：刘丽华

出版发行：化学工业出版社
　　　　　（北京市东城区青年湖南街 13 号　邮政编码 100011）
印　　装：北京天宇星印刷厂
710mm×1000mm　1/16　印张 10¾　字数 199 千字
2025 年 4 月北京第 1 版第 1 次印刷

购书咨询：010-64518888　　　　　售后服务：010-64518899
网　　址：http://www.cip.com.cn
凡购买本书，如有缺损质量问题，本社销售中心负责调换。

定　　价：98.00 元　　　　　　　　版权所有　违者必究

前言

先进钢铁材料是指具有高强度、高韧性、良好防腐性能和电磁性能的钢铁，包括高强钢、深冲钢、不锈钢、电工钢、耐磨钢等，主要应用于汽车、家电、化工、船舶、电力等领域。板带材是钢铁材料的主要形式，热轧是生产先进钢铁材料的关键环节，板形是板带产品的关键质量指标。与普通板带材相比，先进钢铁材料热轧过程在轧制力、加热温度等生产工艺方面存在一定差异，进而导致其板形不易控制。特殊的热轧生产工艺还会出现严重的轧辊磨损和剥落问题，更加制约了板形质量的改善。而先进钢铁产品主要应用于高端装备领域，用户对板形本身要求较高。为提高先进钢铁产品板形质量，本书提出了基于热模拟实验、仿真模拟、工艺优化、轧辊磨损与疲劳控制、辊形设计及模型参数调整等技术方法的高精度板形控制方法，并展示了其在现场工业应用中取得的良好效果。

本书共有6章。

第1章为绪论。

第2章介绍了热轧现场调查与测试方法，包括主要轧制工艺参数采集与分析，现场板坯、带钢、轧辊等参数测量与分析，通过数据采集分析、现场测试分析，引出存在的问题。

第3章介绍了热模拟实验的方法和作用，通过热模拟实验研究了某先进钢铁材料高温压缩过程的流变力学行为。针对热压缩过程中钢铁材料在单相区表现出的应变硬化和高温软化特征以及在两相区表现出的应变硬化和低温（相变）软化特征，分别建立了热塑性本构关系模型，该模型可用于准确预测高温压缩过程中的材料力学属性。

第4章建立了轧制过程有限元仿真模型，并将本构模型应用到了仿真计算中。通过有限元仿真研究了热轧过程多种因素影响下的板形变化规律。对生产实际中存在的不同形式的横向温度差进行了研究，发现带钢横向温度差特别是当其存在于两相区轧制时可引起凸度、楔形和浪形的明显变化，从而造成热轧板形难以控制。

第5章研究了极端服役条件下热轧中存在严重的轧辊磨损和剥落问题，分析了大量同宽自由规程轧制条件下轧辊磨损特征，经计算发现轧辊磨损会使板形凸度增大并降低弯辊力调控功效；提出了工作辊磨损的多参数表示方法，从而可有效衡量工作辊磨损对板形的影响趋势；通过对轧辊完整服役期内接触应力的计算并结合裂纹和断口检测，指出轧辊磨损造成的严重应力集中在轧辊剥落中起主导作用。

第6章提出了先进钢铁材料热轧板形控制方法。通过理论分析和工业试验研究了高速钢轧辊、正弦形式窜辊策略和润滑轧制对轧辊磨损的改善效果，介绍了变凸度工作辊、VCR支承辊和支承辊倒角的设计方法，还针对具体案例提出了现场控制模型参数调整方法。

由于著者水平有限，书中难免存在纰漏或不足之处，恳请广大读者批评指正。

著者

目录

1
绪论
001

2
热轧现场调查与分析
006

5
轧辊磨损与剥落问题
研究
085 ————

6
热连轧机板形调节
策略与工业应用
137 ————

1

绪论

钢铁是重要的基础原材料，国民经济各行业对钢铁的需求量极大。随着社会的发展，传统钢铁材料早已不能满足需要。汽车、家电、工程机械、化工、船舶、核电、风电、军工等行业的部分零部件，对钢铁材料有着特殊的要求，先进钢铁材料已经越来越多地应用到各行业、各部门。通常情况下，先进钢铁材料是指具有高强度、高韧性、良好防腐性能、良好耐低温性能、良好电磁性能的钢铁。先进钢铁材料板带材产品类型，按照性能可分为高强钢、不锈钢、深冲钢、耐磨钢、电工钢等；按不同应用领域可分为高强汽车钢、弹簧钢、海工钢、风电用钢、模具钢等；按组织可分为马氏体钢、奥氏体钢、双相钢、三相钢、相变诱导塑性钢、孪晶诱导塑性钢等；按厚度可分为中厚板、带钢、箔材等。板带材是先进钢铁材料的主要形式之一，热轧是板带材生产的关键环节。

与普通板带材相比，先进钢铁材料不仅在成分和冶炼工艺上存在产品差异，在热轧过程也有一定差异。例如，在轧制力、负荷分配、加热温度、冷却工艺等方面，均存在各自特点，因此板形控制也与普通钢材有一定区别。特殊的热轧生产工艺还会引发严重的轧辊磨损和剥落问题，更加制约了板形质量的改善。而先进钢铁产品主要应用于高端装备领域，用户对板形本身要求较高。为提高先进钢铁产品板形质量，本书提出了基于热模拟实验、仿真模拟、工艺优化、轧辊磨损与疲劳控制、辊形设计及模型参数调整等技术方法的高精度板形控制方法，同时还展示了上述控制方法在现场工业应用中取得的良好效果。

本书基于热连轧宽带钢展开研究，研究成果可应用于传统或短流程多机架热连轧机生产线，也可为多道次可逆轧机提供借鉴。如图 1-1 所示为某热连轧机精轧机组图。传统热连轧机生产线主要由加热炉、除鳞机、调宽压力机、2 架二辊或四辊粗轧机、6～7 机架四辊精轧连轧机组、层流冷却系统及热轧卷取机等关键设备组成。短流程热连轧生产一般不配置粗轧机，主要由 5～7 架精轧机完成热轧压下工作。在板坯进入精轧机前,部分轧线配备有热卷箱、辊道保温罩和边部加热器,可减小带钢头尾和边部与中部的温差,有利于薄板轧制、板形和性能的控制。目前,精轧机组工作辊多采用连续变凸度辊形,也有部分采用常规凸度辊形(主要集中在宽度相对较小的轧机)。精轧机一般采用液压 AGC(automatic generation control)控制、工作辊弯辊、液压活套、长行程窜辊等系统。精轧机组采用轧辊喷淋冷却技术并可使用辊缝润滑;轧辊喷淋冷却系统的水量控制和分段冷却功能可调整工作辊在机热凸度;辊缝润滑的投入可改善工作辊磨损,降低轧制压力。机架间冷却可用于控制轧制过程带钢温度。精轧机组通常分为上游和下游机架,对于 7 机架轧机,前面 3 或 4 架一般为上游机架,后面剩余为下游机架;对于 6 机架轧机,一般上下游各 3 机架。上下游机架分别采用不同直径规格的工作辊,上游机架工作辊直径较大,轧制负荷一般较大。上下游板形控制重点也不相同,一般上游主要控制凸度,下游以平坦度为控制重点。

图 1-1　某 7 机架热连轧机精轧机组图

板形质量是影响板带材质量的重要因素,也是轧制领域关注的核心问题。板形质量控制水平不仅直接关系到板带产品质量,同时也是钢铁企业的轧制技术、装备及生产管理水平的重要标志。板带产品的板形问题直接影响后工序及用户生产,是轧制领域关注的重点问题。正因如此,高端板带材质量是钢铁企业生产能力的一项重要标志,关系到产品市场拓展和用户口碑。对先进钢铁材料板带材来说,板形类废品和让步品在不良品中均占有较大量。热轧板形质量问题会影响后续冷轧、冲压等工艺的生产,并最终影响产品的质量。从实际生产和用户反馈意见来看,板形质量已成为先进钢铁产品热轧板带材面临的重要问题,解决板形质量问题至关重要。

近年来，板形控制技术研究已取得了显著进展。例如新的机型、辊形技术的开发应用，对带钢板形质量的提高起到重要的作用。然而，相应的理论与应用研究仍较为分散，无论是对于材料热塑性变形规律，特别是处于精轧温度范围内的本构关系模型的研究；还是对于先进钢铁材料板带材在轧机中板形变化规律和板形控制方法的研究，均相对独立。现有研究通常忽略带钢研究辊缝变化，从而间接研究板形，或根据轧制力反推带钢的塑性模型来研究板形，这会导致研究结果往往不具有针对性，难以对先进钢铁材料进行高精度板形控制。此外，板形的影响因素众多，如带钢温度、轧辊磨损、轧制润滑、工作辊窜辊、模型参数设置等也会对板形产生一定影响，也是高精度板形控制不可不考虑的因素。

本书结合先进钢铁材料热轧生产实际，以电工钢、深冲钢等为例，对先进钢铁材料高速塑性变形行为进行了研究，揭示其变形机理，搭建准确可靠的材料本构关系模型，特别是针对部分钢种精轧温度范围内存在的相变问题，搭建了相变区的材料模型，为轧制力的精确计算和预报提供重要依据，并通过开展热轧过程板形变化规律的数值模拟研究和影响板形质量和轧机稳定运行的轧辊磨损与疲劳剥落问题的研究，为带钢热轧板形质量的提高提供重要的理论依据。这不仅是企业提升产品核心竞争力的需要，更是解决先进钢铁材料热轧过程变形和板形形成机理这一科学问题的关键，通过研究，可以进一步完善现代板形轧制理论与技术。本书的研究成果对于其他钢种板带钢热轧生产及板形控制同样具有借鉴意义。

本书主要以电工钢、深冲钢为例，通过基础实验、理论解析、数值模拟和生产实验相结合的方法，研究了材料变形和板形形成规律，其中还包括对板形质量和稳定生产有重大影响的轧辊磨损和疲劳剥落问题的研究。图 1-2 为本书的结构框架图，从图中可以清晰明了地看到本书关于板形问题的基本研究路线、内容和方法。本书的研究内容主要从以下几个方面展开。

(1) 热轧现场数据采集与测试

介绍了主要轧制工艺参数采集与分析、现场板坯、带钢、轧辊等参数测量与分析，包括轧制力、弯辊力、板坯（带钢）温度、轧辊磨损等测量结果分析，通过数据采集分析、现场测试分析，揭示了当前存在的影响板形的问题。

(2) 高温塑性变形行为的研究

以电工钢为例，通过热膨胀实验和热模拟实验，并结合电工钢热轧过程精轧阶段的变形参数，搭建了准确可靠的材料本构关系模型，首次根据 Trimble 建模理论提出了适用于电工钢的改进型本构模型，同时，还对几种模型在描述和预测电工钢变形行为的表现进行了对比分析。

(3) 轧制过程的数值仿真研究

通过电工钢热模拟实验数据和本构关系模型，为建立电工钢轧制过程的有限

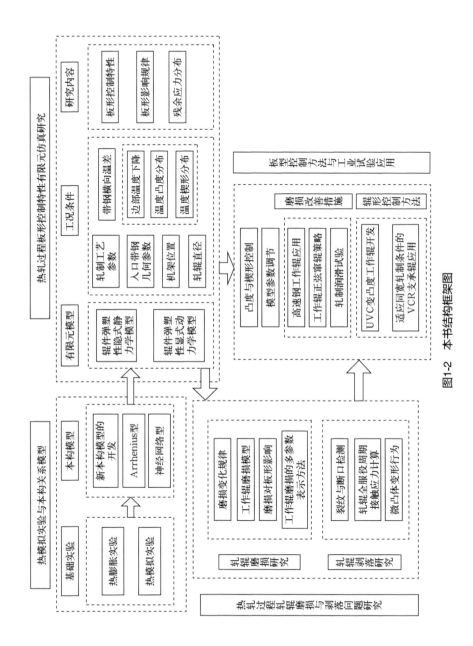

图1-2 本书结构框架图

元模型提供了准确的材料模型基础。通过轧制过程有限元数值模拟，揭示各个轧制工艺参数和轧件材料参数对轧辊弹性变形、轧件板形和内应力分布的影响规律。本书开创性地分析了因带钢横向温差而导致的组织不均匀性对轧辊变形、变形和内应力的影响。

(4) 轧辊磨损与疲劳剥落问题的研究

由于热连轧机在极端服役条件下会出现轧辊严重磨损和疲劳问题，因而减轻轧辊磨损问题对于提高带钢板形至关重要，同时，预防轧辊疲劳剥落事故是确保先进钢铁材料稳定轧制的前提条件。因此，本书通过对轧辊磨损和剥落问题进行细致研究，总结了轧辊磨损变化规律，揭示了轧辊疲劳剥落原因，进而提出了解决轧辊磨损和剥落的方法，为电工钢板形质量的提升和稳定轧制提供了重要保障。

(5) 热连轧机板形控制策略的研究

本书在总结前期研究成果的基础上，结合现场带钢板廓和工艺参数测试分析，提出了带钢板形控制策略，为先进钢铁材料热连轧机生产中板形质量的提高提供了重要理论依据。

2

热轧现场调查与分析

该部分工作主要在某 2050mm 热连轧机上开展。该 2050mm 热连轧生产线是 2017 年新建的板带生产线。该产线主要由加热炉、除鳞机、调宽压力机、1机架二辊可逆粗轧机 R1、1 机架四辊可逆粗轧机 R2、7 机架四辊精轧连轧机组 F1~F7、超快冷与层流冷却系统、热轧卷取机和平整机等设备组成。在 R2 粗轧机和精轧机组之间安装有辊道保温罩和边部加热器，以降低板坯温度分布的不均匀性。轧线采用 SMS 公司 PCFC 板形控制系统，精轧机组由 7 架串联的四辊轧机组成，工作辊采用 CVC 辊形，液压 AGC 控制、液压弯辊及液压活套等控制技术；F7 机架出口配有板形仪、测宽仪等测量设备，用来动态测量带钢的凸度、平坦度，可实现板形的闭环控制，以求获得良好的板形。精轧机组的 F1~F7 机架还配置了长行程的工作辊窜辊系统，窜辊行程为 ±150mm。同时，精轧机组采用轧辊喷淋冷却技术，在生产高强钢等品种时可同时在多机架使用轧制润滑。精轧机组 F1~F4 为上游机架，F5~F7 为下游机架。精轧 F1 和 F2、F3 和 F4、F5~F7 分别采用不同的工作辊 CVC 辊形曲线。产线主要产品厚度范围为 2.5~25mm，主要宽度范围为 1050~1900mm，主要产品为供冷轧材深冲钢、热轧碳素结构钢、高强钢、耐磨钢等，代表牌号有 Q355、Q550、Q690、780CL 高强钢，以及供冷 DC 系列汽车、家电用深冲钢。

在该部分中，通过对现场数据进行采集、测量、统计与分析，揭示了存在的问题，可为其他轧机开展板形问题现场调查提供参考。

2.1 轧制工艺分析

2.1.1 轧制单位内带钢宽度分析

轧制单位内带钢宽度变化对工作辊磨损、热凸度具有重要影响作用，在此随机抽取了 4 个轧制单位，得到轧制单位内带钢宽度变化情况如图 2-1 所示。

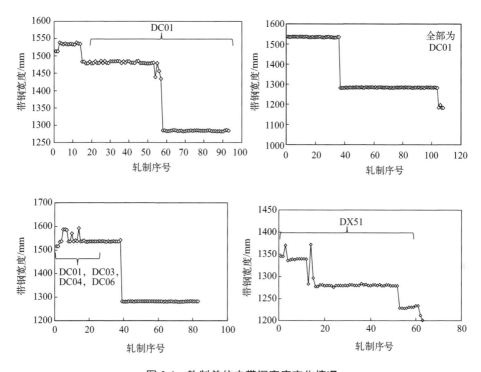

图 2-1　轧制单位内带钢宽度变化情况

从图 2-1 中可以看出，轧制过程同宽轧制特征显著，一个轧制单位内，主要包括 2~3 个宽度规格，其余宽度规格轧制量很少。一个轧制单位内，宽度变化总体上为由宽到窄轧制，但也有少数单位存在逆宽轧制。由于边部热凸度和磨损与中部存在差异，逆宽轧制容易引发边部缺陷。另外，在统一辊期内开展计划编排还存在强度跨度大、厚度规格变化大的问题，这些问题都不利于模型的学习和适应，会给板形控制带来不利影响。

2.1.2　窜辊工艺分析

统计 1500 块带钢的窜辊位置，如图 2-2 所示。统计发现，上游机架 F1~F4 工作辊负窜辊多于正窜辊，F1 和 F2 机架出现大量未循环窜辊的情况（即相邻多块带钢窜辊位置不变）。F1 和 F2 机架工作辊甚至在一个工作辊服役周期内，仅有不足 5 块带钢轧制时出现窜辊，绝大多数带钢在生产过程中工作辊未进行窜辊调整。这势必会导致工作辊局部热凸度过大，不利于板形控制，且在轧制中后期造成工作辊局部严重磨损，导致工作辊服役中后期板形不能进行有效控制。同时，工作辊严重不均匀磨损还会影响工作辊与支承辊的辊间接触状态，造成辊间接触应力尖峰，增大轧辊局部剥落掉肉的风险。

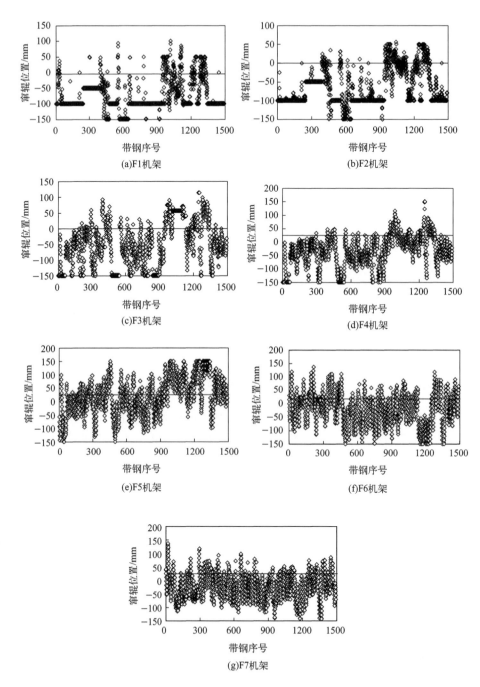

图 2-2　工作辊各机架窜辊位置统计

从平均窜辊位置图（图 2-3）可以看出，精轧上游窜辊不合理，尤其以 F1、F2 机架最严重，F1、F2 平均窜辊量均超过 -60，这表明工作辊正行程浪费严重。F5～F7 平均窜辊值在 [-20，20]，说明精轧下游窜辊分布总体均匀，精轧下游窜辊相对较为合理正常。

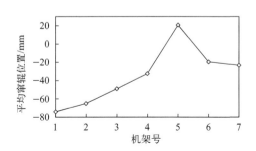

图 2-3　工作辊各机架平均窜辊位置

2.1.3　弯辊工艺分析

同时统计了这 1500 块的弯辊力数据，如图 2-4 所示。从弯辊力分布情况来看，F1、F2 机架弯辊力总体水平较低，在这两个机架还出现整个工作辊服役期内弯辊力一直处于较低的情况（300kN），这与其工作辊窜辊量处于负窜较大位

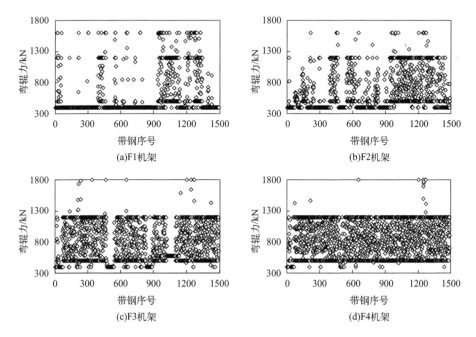

图 2-4

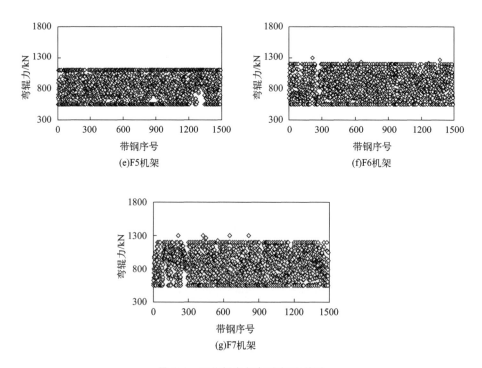

图 2-4　工作辊各机架弯辊力统计

置有一定关系。从图 2-5 平均弯辊力统计结果来看，F1 和 F2 机架平均弯辊力水平较低（600kN 左右），其余机架弯辊力相对较高。

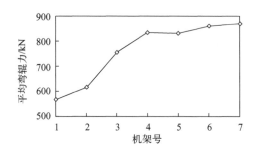

图 2-5　工作辊各机架平均弯辊力

2.1.4　模型参数设定分析

　　2050mm 热连轧机采用 PCFC 板形控制系统。板坯进入轧机前，模型对各机架分配凸度值，轧制过程中以模型分配的凸度计算值为依据进行控制。为达到各机架模型凸度计算值，模型为工作辊分配窜辊位置，在轧制过程中使用弯辊力进行实时控制。通过对模型凸度值进行统计发现［图 2-6（a）］，F2 机架的模型凸度计算值普遍最大，F2 机架以后凸度计算值逐渐减小。而正常情况下应该是 F1 机架的模型凸度计算值最大，因此模型对凸度的计算分配不合理。工作辊窜辊设定方面，F5 机架的辊缝凸度值最小［图 2-6（b）］，也不符合辊缝凸度逐渐减小的分配趋势。控制模型还需进一步改进优化。

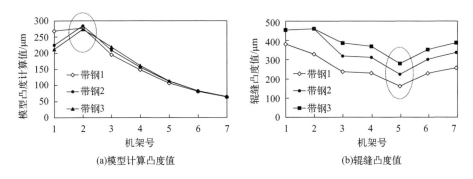

(a)模型计算凸度值　　　　　　　(b)辊缝凸度值

图 2-6　各机架模型凸度计算值与辊缝凸度值

2.1.5　比例凸度分配

比例凸度（相对凸度）一般定义为带钢（板坯）C40 凸度与板带宽度中心厚度 h_c 的比值，一般用百分数来进行表示，如图 2-7 所示。为保证板形良好，精轧过程中一般保持等比例凸或近似等比例凸度轧制。当带钢厚度较大时，可允许带钢凸度较大；当带钢厚度较小时，所允许的带钢凸度范围变窄。

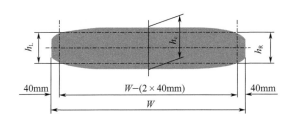

图 2-7　板带钢横截面板廓示意图

实际比例凸度分配值则会出现各机架比例凸度差别较大的情况。如图 2-8 所示，F1 机架比例凸度与 F2 差别巨大，而 F2～F7 机架比例凸度有逐渐增大的变化趋势，这与比例凸度控制原则相悖。而比例凸度分配、模型凸度计算值和由窜辊引起的辊缝凸度分配值各不相同，这也说明模型在计算和分配凸度方面存在较大问题，不利于现场凸度及板形控制。

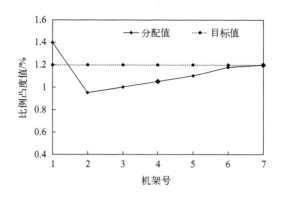

图 2-8　精轧机组各机架比例凸度分配

2.2　轧辊调控能力分析

2.2.1　辊件接触区长度分析

2050mm 热连轧机组由 7 机架四辊轧机组成。精轧机组所有机架工作辊和支承辊辊身长度有差异。如图 2-9 所示，工作辊辊身长度为 2350mm，支承辊辊身长度为 2050mm，支承辊两侧各设置 200×2mm 的倒角。对于四辊轧机来说，支承辊的主要作用是减少工作辊的挠曲变形，增强辊系刚度，便于获得板形良好的带钢。支承辊两侧设置倒角可避免工作辊压靠支承辊边部，造成支承辊剥落。支承辊两侧倒角靠近边部处，将不再对工作辊起到支承作用。因此，按照当前倒角参数，该轧机所能生产的带钢宽度为：2050－200×2＝1650mm。板坯宽度超过1650mm 的带钢中超过中部 1650mm 跨度的部分，将失去支承辊的支承，边部板

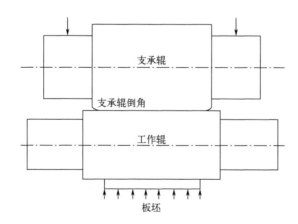

图 2-9　工作辊与支承辊接触示意图

形将受到影响。该轧机所生产的宽度为 1800mm 以上的带钢比例占到 16％ 以上，为了控制宽规格带钢板形，可将支承辊倒角长度减小，或将倒角深度减小。

2.2.2 工作辊凸度调节能力分析

2050mm 热连轧机工作辊全部采用 CVC 辊形技术，其中 F1、F2 机架、F3、F4 机架、F5～F7 机架分别采用不同的辊形曲线，各机架工作辊辊缝凸度的调节范围见表 2-1。

表 2-1 各机架工作辊辊缝凸度范围 　　　　　单位：μm

机架范围	最小凸度	最大凸度
F1、F2	−1000	600
F3、F4	−900	300
F5～F7	−700	100

CVC 辊形的凸度调控能力跟板宽的平方成正比，因此越宽的带钢，辊形对其凸度的调控范围越大，随宽度变小，CVC 辊形对窄带钢的凸度调控范围将迅速减小。图 2-10 所示为 2050mm 轧机各机架工作辊辊形对不同板宽的凸度调控

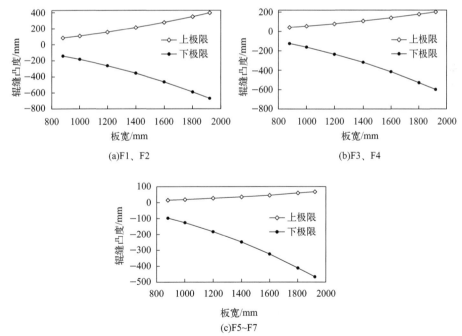

(a)F1、F2　　　　　　　　　　　　　(b)F3、F4

(c)F5～F7

图 2-10 当前工作辊辊形曲线辊缝凸度调控范围

范围对比。从图 2-11 中可以看出，CVC 辊形对宽带钢具有较强的凸度控制能力，对窄带钢（尤其是 1400mm 以下规格）的凸度调控能力则急剧减小。例如对于 F1、F2 机架，工作辊 CVC 辊形对 1800mm 宽度的带钢的正负凸度的调控范围为 $939\mu m$，对 1200mm 宽度的带钢的正负凸度的调控范围则下降到 $417\mu m$，凸度调控范围降低 55.6%。

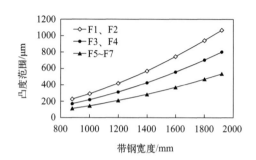

图 2-11　当前工作辊辊形曲线辊缝凸度调控整体范围

2.3　轧辊磨损测量分析

2.3.1　精轧上游工作辊磨损测量

工作辊是直接与板坯接触并使板坯发生变形的核心部件。工作辊的工作状态将对带钢板形质量产生直接影响。2050mm 热连轧机精轧上游 F1～F4 机架和精轧下游 F5～F7 机架分别采用不同直径的工作辊，采用的辊形曲线也存在一定差别。精轧上游采用高速钢材质工作辊，精轧下游采用高铬铁等材质工作辊。工作辊供货厂家总数超过 20 个。精轧上游高速钢工作辊正常服役 2～3 个周期（国内多数热轧线高速钢工作辊服役 3～5 个周期），精轧下游高铬铁工作辊一般服役 1 个周期。精轧上游 F1～F4 机架工作辊和精轧下游 F5～F7 机架工作辊采用不同的磨床进行磨削。全部机架支承辊和 F1～F4 机架工作辊采用华辰数控磨床进行磨削，F5～F7 机架工作辊采用 HERKULES 数控磨床进行磨削。此处磨损量定义为上机辊形与下机辊形（轧辊充分冷却后）的差值。精轧上游工作辊磨损量如图 2-12 所示。

精轧上游机架全部采用高速钢工作辊，高速钢工作辊具有良好的耐磨性。从图 2-12 可以看出，用磨床对精轧上游工作辊磨损进行测量，其所得测量结果的差异比较大。F1 机架工作辊磨损表现较为正常，轧辊磨损量在 0.15mm 左右，但其他精轧上游机架的磨损量均较小，均在 0.1mm 以下，且有出现边部磨损量大于中部的情况（工作辊边部不与板坯接触），也有磨损量出现负值的情况，这表明精轧上游工作辊辊形测量不准确，或存在严重的热磨削情况。

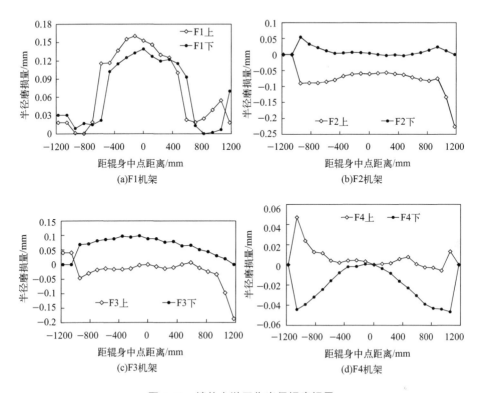

图 2-12　精轧上游工作半径辊磨损量

2.3.2　精轧下游工作辊磨损测量

精轧下游工作辊多采用高铬钢材料，相对于高速钢耐磨性较差。后续生产过程中在 F5 机架使用了高速钢工作辊。辊形测量结果显示，精轧下游工作辊磨损辊形的测量相对正常，如图 2-13 所示，精轧下游工作辊磨损量多在 0.15～0.2mm 之间，磨损呈现不均匀磨损特征，下工作辊多比上工作辊磨损严重，部分机架磨损倾斜或局部高点及地点等不均匀磨损问题较为突出。

2.3.3　粗轧 R1 工作辊磨损测量

2050mm 热连轧生产线粗轧机包含 R1 二辊轧机和 R2 四辊轧机各一架。生产过程中根据厚度控制需要，R1 和 R2 轧机采用 1＋3 或 1＋5 道次组合形式。粗轧 R1 机架工作辊采用平辊辊形，服役时间为 30d，轧制量在 30 万 t 以上。图 2-14 所示为粗轧 R1 工作辊磨损情况。从测量结果来看，粗轧工作辊磨损量不

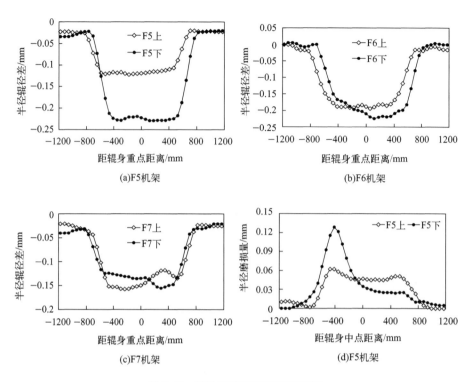

(a)F5机架

(b)F6机架

(c)F7机架

(d)F5机架

图 2-13 精轧下游工作辊磨损辊形

足 0.1mm，这与其服役近一个月轧制量 30 万 t 且边部不与板坯接触的事实不符。因此可推定，磨床对其辊形测量不准确。

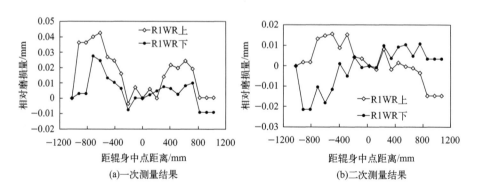

(a)一次测量结果

(b)二次测量结果

图 2-14 粗轧 R1 工作辊磨损量

2.3.4 粗轧 R2 工作辊磨损测量

精轧入口来料板形与粗轧 R2 工作辊辊形及磨损有较大影响。当前粗轧 R2 工作辊采用常规负凸度辊形,辊形凸度为 $-150\mu m$。R2 工作辊服役时间在 $3\sim 5d$,轧制量在 $6\sim 6.5$ 万 t 左右。粗轧 R2 工作辊上下机及磨损辊形如图 2-15 所示。测量结果如图 2-16 所示,粗轧 R2 工作辊磨损量多在 $0.25\sim 0.4mm$ 之间,对于粗轧机来说,磨损量相对较小,不会对精轧来料造成较大的不良影响。粗轧工作辊服役时间相对较长,工作辊磨损量却不大。粗轧工作辊不配备窜辊系统,其不对称磨损较为突出,主要表现为传动侧或操作侧一侧磨损量较大,另一侧磨损量较轻。推测其原因可能与带钢跑偏或温度沿横向的分布不均匀,或与设备状态有关。

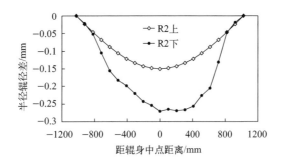

图 2-15　粗轧 R2 工作辊上下机及磨损辊形

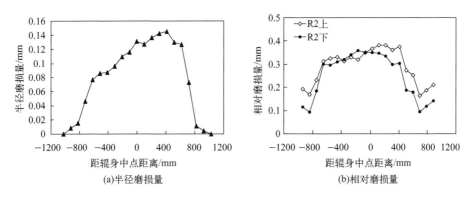

(a)半径磨损量　　　　　　　(b)相对磨损量

图 2-16　粗轧 R2 工作辊磨损量

2.3.5　支承辊磨损测量

支承辊的磨损主要是由与工作辊的相对滑动和滚动而造成的。工作辊表面的硬凸体、嵌入工作辊表面的氧化铁皮和辊间杂物对支承辊辊面进行切削,形成磨粒磨损;支承辊与工作辊接触中经历周期性的承载和卸载作用,当循环载荷作用到达一定次数后,辊面将产生接触疲劳,导致疲劳磨损;同时会出现被称为开裂或热裂的破坏性热疲劳,该过程产生交错镶嵌的裂纹网热轧支承辊的磨损主要是磨粒磨损和机械疲劳磨损,黏着磨损和氧化磨损在支承辊的磨损中所占比重较少。磨损量的大小与轧辊的材质、表面硬度及光洁度、辊间接触压力横向分布、相对滑动量和滚动距离等因素有关。很多实测结果表明,下支承辊的磨损量大于上支承辊,造成这种现象的主要原因是夹带大量氧化铁皮的冷却水作用在辊面,致使下支承辊工况条件较差,加速了轧辊的磨损。另外磨损与上、下支承辊的辊面硬度也有关。

精轧支承辊服役期在 2～3 周,如图 2-17 所示,除去测量误差,支承辊磨损相对较轻,沿辊身长度方向的磨损量多在 0.2mm 左右,符合该热连轧机常规磨损情况。少部分支承辊出现局部高点、低点或磨损倾斜情况,推断与工作辊磨损状态等因素有关。

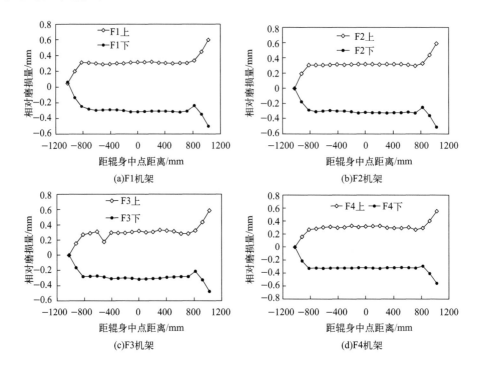

(a)F1机架　　　　　　　　　　(b)F2机架

(c)F3机架　　　　　　　　　　(d)F4机架

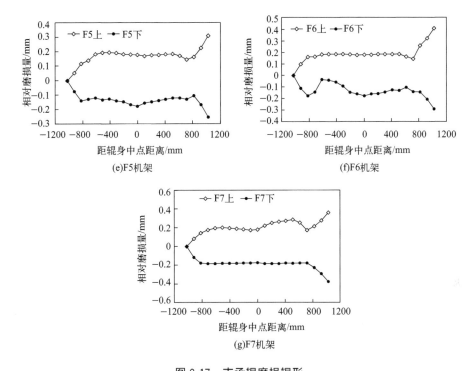

图 2-17　支承辊磨损辊形

2.4　轧辊热凸度测量分析

2.4.1　轧辊温度及变形基本情况

在热轧轧制过程中，工作辊受高温带钢接触热传导作用，其表层温度在瞬时迅速升高。在径向，热流从工作辊外层向中心传导；在轴向，热流从中部向两端传导。热轧过程中，工作辊因受热膨胀产生热变形，使辊形发生变化。轧辊的热变形是一个复杂的热传导过程，应考虑的因素有：

　　① 轧辊的温度及热容；

　　② 轧件的变形热以及轧辊与轧件摩擦产生的热量；

　　③ 通过接触轧件传给轧辊的热量；

　　④ 通过辐射传给轧辊的热量；

　　⑤ 通过冷却液或周围空气从轧辊表面带走的热量；

　　⑥ 传给轧辊两端轴承和轴承座的热量；

　　⑦ 传给支承辊的热量。

由于传热状况沿辊身长度方向不一致，与轧件接触的辊身中部获得的热量更多，因此轧辊中部的热膨胀要大于两端，即形成热凸度，相应就成为产生带钢负凸度的因素。在开轧后的一段时间内，轧辊的热输入大于热输出，轧辊温度逐渐升高，热凸度也随之增大。在轧制若干卷后，轧辊热输入和热输出相等，处于平衡状态，轧辊的热凸度也保持一个特定值。板形工艺参数须依据轧制过程中稳定的热凸度进行设计。

轧辊尤其是工作辊通过与带钢的接触逐渐获得热凸度，工作辊热凸度是影响热带钢连轧机负载辊缝的重要因素，进而会影响带钢的板形[1]。因此，轧辊的热变形也是带钢板形控制的一个重要研究课题。热轧过程中工作辊的热变形非常明显，由热膨胀引起的辊形变化可达 $100\sim400\mu m$，与工作辊系弯曲变形引起的轧辊凸度变化处于同一数量级，并且热轧生产中热凸度随轧制节奏和喷淋冷却在不断变化，这也成为影响带钢板形一个重要因素。因此，在一个完整的板形控制模型中，轧辊热膨胀计算是必不可少的，对热轧精轧机组工作辊的热变形进行全面的研究和准确的计算对于提高板形质量具有重要的作用[2]。

对工作辊温度场和热变形的研究主要有理论解析法和数值计算法。理论解析法大都采用傅里叶变换和分离变量法对导热微分方程进行求解，需做大量假设，一般只能解决比较简单的传热问题，处理复杂问题难度较大[3]。轧辊温度场的数值计算方法包括有限差分法和有限元方法。在带钢热轧过程中，由于工作辊周期性地接触带钢并冷却，研究发现工作辊的温度场由基本量和周期量组成，基本量为平均温度，周期为轧辊转动周期，周期量仅在轧辊表层发生[4]。Stenvens 等人[5]研究发现，在轧辊表层较浅的区域（深度约 $2\sim3mm$），温度呈周期性剧烈变化，而较深的区域内温度区域稳定。李维刚等人[6]通过研究一个轧制周期内工作辊温度场的变化规律，将温度场分为低频分量和高频分量，前者为主导因素，而后者仅影响轧辊表面 10mm 以内的区域，称为"浅层效应"。离表面越近，温度变化越剧烈；离表面越远，温度达到稳态所需的时间越长。轧制初期轧辊热凸度呈现较快的指数上升趋势，轧制一定数量带钢后，热凸度趋于一个动态稳定值。图 2-18 为工作辊表层温度随轧制时间变化图，轧辊的一周旋转过程中要受到激冷和激热的作用，导致轧辊表面温度剧烈变化。图 2-19 所示为工作辊热凸度的大体变化趋势，可以看出，工作辊的热凸度是一个逐渐建立并趋于稳定的过程。

为控制系统提供准确的工作辊热凸度计算模型以发挥好板形控制手段，提高板形实物质量，是研究工作辊热变形的一个重要目的[7]。为了控制热凸度，优化轧辊喷水冷却系统是控制轧辊热凸度最重要的途径[8]。轧辊冷却水嘴的压力、喷嘴个数和分布对轧辊的温度场和热凸度有很大影响，并且带钢出口冷却水的效果要比入口明显。因此分段冷却和精细冷却也成为一些学者和热轧技术人员研究的热点问题[9,10]。

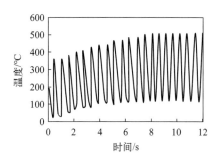

图 2-18　工作辊表层温度随轧制时间的变化趋势

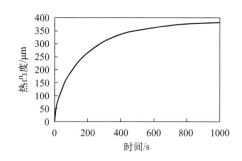

图 2-19　工作辊热凸度随轧制时间变化总体趋势

　　计算热轧工作辊的热变形，研究轧制及空冷过程中轧辊的热辊形的变化规律，准确预报其在各个时期的热凸度，深入分析轧制过程中各种因素对轧辊热辊形及带钢板形的影响，对板形控制有着直接的重要意义。同时，研究下机后轧辊的热辊形并建立其在热状态下的磨削制度，以获得工艺要求的原始辊形，也是实际生产中迫切需要解决的问题。轧辊温度场的计算是求解热辊形的前提。

2.4.2　工作辊表面温度测量

　　现场通过接触式测温笔和红外测温枪对多支工作辊磨削前和下机后的表面温度进行了测量。测量结果如图 2-20 所示，工作辊磨削前表面温度多在 35～50℃之间，部分工作辊磨削温度超过 50℃。而正常磨削的工作辊表面温度不应超过40℃，因此说明现场热磨削问题比较突出。热磨削会降低原有辊形的板形调控能力，在生产过程中会造成调控手段失效。工作辊下机后表面温度多在 65～75℃之间，轧辊表面温度比较正常。根据现场对轧辊表面温度的监测来看，工作辊下机表面温度呈中间高两边低的变化趋势。工作辊表面实际温度与控制模型对轧辊表面温度的计算结果大体一致。

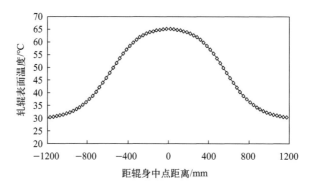

图 2-20　工作辊表面温度

2.4.3　工作辊热变形

通过对工作辊的下机温度及辊形数据的测试与分析，得出工作辊热辊形主要表现为以下特征：上下辊下机后轧辊表面温度相差不大，工作辊下机后辊面温度分布呈近似钟状，中部轧制区域温度高，两端温度低。轧辊轴向温度呈现上游机架温差略大于下游机架温差的现象，因带钢温度、压下量和冷却水等因素的综合作用，工作辊的热凸度也将逐渐减小。

工作辊的热辊形更接近工作辊在生产时的辊形。工作辊热辊形还与上机时间有关系，刚上机的工作辊表面温度较低，随着温度的升高，大约轧制 30 块带钢时，热辊形趋于稳定。为了得到温度对于工作辊辊形的影响关系，现场采用磨床分别对下机热辊形及充分冷却后的辊形进行了测量，两者做差即为工作辊在机热凸度。测量得到轧辊热凸度值如图 2-21 所示。

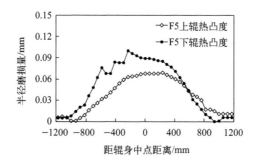

图 2-21　精轧下游工作辊热凸度值

从测量结果来看，工作辊热凸度值一般在 $100\mu m$ 左右，最大不超过 $150\mu m$。相较于轧制其他类型钢材，轧制深冲钢时工作辊的热凸度略大 $10\sim20\mu m$。工作辊热凸度会影响其初始辊形的板形调控能力，因此要把工作辊热凸度控制在合理范围之内。

2.4.4 工作辊复合辊形分析

工作辊热凸度在轧制过程中逐渐增大，热凸度的大小和分布形式与板坯状态、冷却水状态、轧辊材质、压下量和轧制速度等轧制工艺有关。板坯状态包括板坯宽度、板坯温度；冷却水状态主要包括冷却水压力、冷却水流量、水嘴分布形式、冷却水温度和管道通畅情况，在投入轧制润滑时还与润滑油换热系数等有关；轧辊材质对热凸度的影响主要表现为高速钢、高铬铁和无限冷硬钢等不同轧辊材质，其热膨胀系数稍有差异，一般来说，高速钢轧辊热膨胀系数较大，相同工况下的热凸度一般也较大；轧制工艺参数包括压下量、轧辊速度和窜辊策略等。以上因素均会对工作辊热凸度产生影响。工作辊热凸度有两种分布形式，如图 2-22 所示。

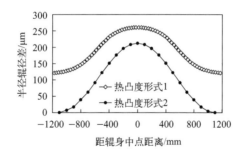

图 2-22 两种不同形式的工作辊热凸度分布

工作辊上机辊形为 CVC 辊形曲线，在叠加热辊形后，其辊形曲线发生变化，如图 2-23 所示，为以上两种不同热凸度形式与 CVC 辊形叠加后的精轧 F3、F4 机架工作辊辊形。

如图 2-24 所示，在叠加热凸度之后，工作辊辊缝形状随之发生变化，工作辊中部在零窜辊和正窜辊时都表现为较大的凸度，板坯则表现为相反的负凸度板廓。负窜辊到 100mm 时形式 1 的热凸度已表现为负凸度辊缝，而热凸度较大的形式 2 则仍表现为正凸度辊缝。因此可以看出，较大的工作辊热凸度对板形的影响很大，会使板坯在某一个或某几个机架出现负凸度板廓，从而导致复杂板形产生缺陷。

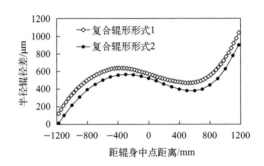

图 2-23 CVC 辊形叠加热凸度后的复合辊形

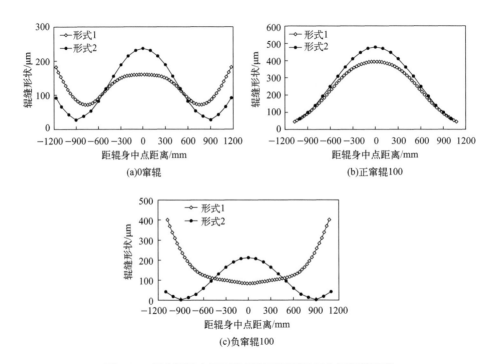

(a)0窜辊

(b)正窜辊100

(c)负窜辊100

图 2-24 复合辊形在不同窜辊量下得到的工作辊辊缝形状

2.5 板坯测试分析

2.5.1 粗轧中间坯厚度测量与分析

中间坯板形主要与粗轧机工作辊辊形、工作辊磨损和板坯横向温度分布有关。中间坯板形对精轧机板形控制存在一定影响。虽然精轧机组对来料板形调控能力较强，但当中间坯过大或过小时凸度将会对精轧出口板形产生一定的遗传效应。因此有必要对中间坯板形板廓进行测量。现场采用千分尺对一深冲钢中间坯进行了测量，获得的横向板廓如图 2-25 所示。从图中可以看出，中间坯来料整体凸度在 $900\mu m$ 以上（最大与最小厚度之差），C40 凸度也在 $600\mu m$ 以上（中间厚度与距离边部 40mm 厚度之差）。测量结果说明，中间坯凸度偏大，后续机架对板形总体可控，但稍有不慎可能会引起板形问题。中间坯还表现出传动侧略厚的现象，表明楔形问题在粗轧过程就已产生，后续生产还应注意来料楔形问题。建议粗轧 R2 工作辊凸度由 $-150\mu m$ 减为 $-100\mu m$，以减小中间坯凸度值。

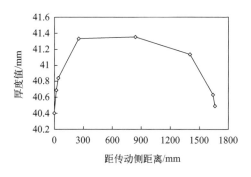

图 2-25　中间坯断面板廓

2.5.2　全机架中间坯测量与分析

为了获取带钢在各机架间的出入口横截面形状，便于分析热连轧机各机架实际板形控制效果，在及时对废钢进行取样之后，使用超声波测厚仪测得粗轧和精轧各机架出口侧带钢厚度。现场废钢一部分是由卡钢事故造成的，还有一部分是为了进行测试人为停机造成的。测量采用 GE 超声波精密测厚仪，配 CLF4 测量探头，测量范围为 $0.25\sim25.4mm$，分辨率为 $1\mu m$。该仪器具有测量精度高、重复性好、不损坏被测对象、测量速度较快、数字显示易于读取等特点，适于在生产现场大量采集板形数据。较厚的板坯采用 $25\sim50mm$ 量程的千分尺（精度 $1\mu m$）和 OLYMPUS 大量程超声波测厚仪（精度 $10\mu m$）进行测量。现场共测量十余块中间坯废钢。各机架出口中间坯横向厚度典型测试结果如图 2-26 所示。

从图 2-26 中可以看出，从上游至下游带钢凸度逐渐减小，粗轧 R2 出口凸度较大，超过 $400\mu m$，带钢经过 F1 轧制后凸度明显降低。精轧上游 F1 和 F2 机架凸度效果最为明显，通过这两个机架时带钢凸度均降低 30% 以上。F3 和 F4 机架未发挥好凸度控制作用，在厚度降低的情况下凸度没有明显降低，这也导致了将板形控制的重任交给了后续 F5 和 F6 机架，根据比例凸度控制原则，带钢厚度减

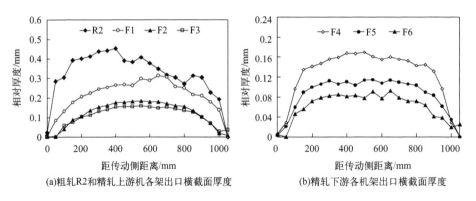

(a)粗轧R2和精轧上游机各架出口横截面厚度　　(b)精轧下游各机架出口横截面厚度

图 2-26　带钢横截面板廓形状测量

小时凸度降低过多，很容易造成平坦度缺陷。

　　由于该规格带钢热轧出口厚度较薄，轧制过程中变形行为复杂，服役条件苛刻，导致其凸度达标率偏低，容易引发浪形缺陷。如图 2-27 所示两种典型的浪形问题，一种是由于凸度控制不合理，在轧制过程中产生的波浪形缺陷，另一种是常见的轧后发生的边浪问题。热轧现场边浪往往多于中间浪，这主要是由于在热轧生产中，边浪可以通过精整工序切边消除，而中间浪在后工序则不易处理，因此在板形控制能力不足时，一般偏向边浪趋势进行操作。

 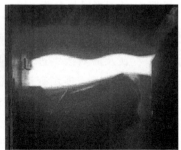

(a)精轧F4机架后出现的波浪　　　　　　(b)热轧卷开卷后的边浪

图 2-27　热轧浪形问题

2.5.3　热轧线板坯温度测量

　　现场采用 FLUKE650 红外热像仪对热轧生产线精轧入口、精轧出口、卷取入口、成品库等不同位置的带钢横向温度进行了测量，测量所得热像图如图 2-28 所示。热像仪通过接收被测物体发出的红外线，通过灰度值来显示被测量物表面的温度分布，通过热像仪拍出的图像可以较好地反映出被测带钢的温度分布趋势，但对于绝对温度的显示不够准确。

从热像观测来看，精轧入口、精轧出口、层流出口均出现不同程度的次边部温度高的现象，即最边部温度低，边部内侧温度较高。在精轧入口就出现这种现象，推测与加热炉烧钢不透有关，即钢坯在加热炉中仅使表层温度达到目标要

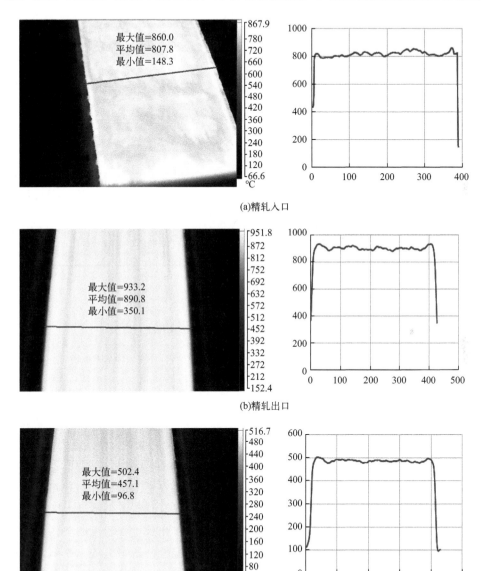

(a)精轧入口

(b)精轧出口

(c)层流冷却出口

图 2-28

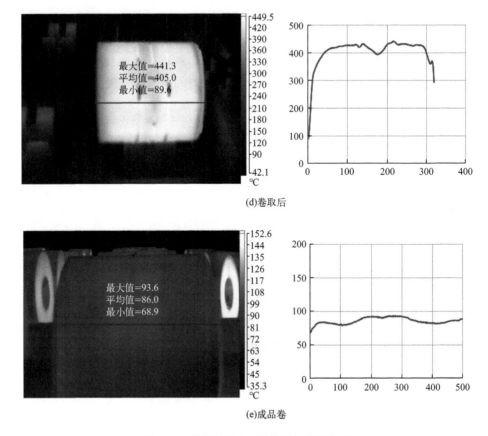

(d)卷取后

(e)成品卷

图 2-28　轧制过程中不同位置板带热像图

求，内部低于目标值。

2.5.4　精轧出口带钢温度分布

　　横向温度分布是影响带钢局部及整体变形、板形的重要因素。带钢温度分布受多方面因素的影响，如加热炉保温时间、炉壁散热、粗轧除磷、精轧除磷、机架间冷却水、轧辊冷却水、辊道保温罩、边部加热器等都会对板坯横向温度产生影响。

　　由于散热条件存在差别，带钢横向温度分布必然存在不均匀性。现场多功能仪采集的精轧出口深冲钢横向温度分布如图 2-29 所示。从图中可见，从带钢中部到边部，温度分布呈现先升高后急剧降低的趋势。出现这一温度趋势的原因与轧制节奏较快时加热炉保温时间不足以及加热炉保温性能较差有关。带钢最高温度出现在距边部 140～180mm 的范围内，带钢两侧最高温度与中部温度差值一般在 15～20℃，两侧最高温度与边部最低温度之差在 100℃以上。对比横向温度分布和猫耳形板廓可知，带钢两侧温度最高处位置与猫耳内侧最低点位置基本吻合。进一步调查发现，温度分布相对均匀的带钢，猫耳形缺陷程度有所降低。文献研究指出，边部较小区域内产生的较大温差，亦会对整体板形产生影响，造成边部翘起板廓。因此可判断，横向温度不均匀分布，对猫耳形板廓的形成具有较大影响。

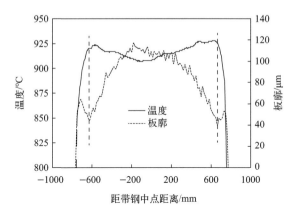

图 2-29　精轧出口温度分布及板廓的对应关系

　　带钢温度分布具有遗传效应，即加热炉出口温度分布不均匀的板坯，对后续轧制过程温度分布产生直接影响。在加热炉中，带钢温度是从外到内逐渐升高，如果加热炉保温时间不足，炉体保温性能不足，则会导致钢坯出现未烧透的现象，即外部温度高，芯部温度偏低，如图 2-30 所示。随着轧制过程经过除磷、辊道散热等环节，带钢横截面温度出现最外侧温度降低，次外层温度最高的现象，如图 2-31 所示。因此，若板坯未在加热炉内充分加热，则会对后续过程温度分布产生遗传作用。

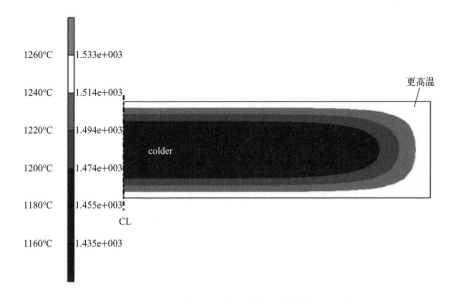

图 2-30　板坯横截面温度分布情况（加热炉出口）

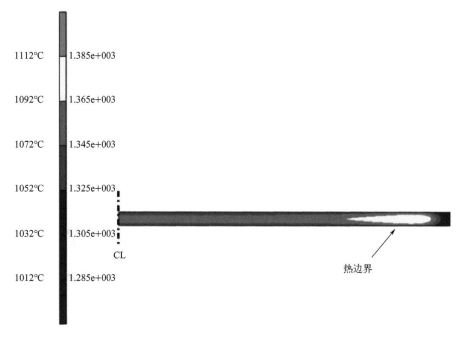

图 2-31　板坯横截面温度分布情况（板坯过粗轧后）

2.6　轧线冷却水系统分析

2.6.1　轧机冷却系统

温度是带钢（板坯）轧制过程中的一个关键因素。板坯从加热炉中被推出直至卷取的过程，温度总体呈下降趋势。粗轧除磷水、精轧除磷水、精轧机架间冷却水、轧辊冷却水、防剥落水、轧制润滑、辊道保温罩等都会影响板坯温度分布，造成板坯横向和纵向温度分布的不均匀性。其中，横向温度分布对板形板廓的影响更大。带钢沿横向温度分布不均会引起带钢材料横向力学性能的差异，并导致带钢在轧制过程中容易出现边部增厚、中间浪、梗印、边裂等板形缺陷。带钢横向温度主要受轧制过程中冷却水的影响。因此，压力充足、均匀喷射的冷却水，是保证板坯温度能被精确控制的关键所在。如图 2-32 所示为轧制过程的冷却系统，轧制过程冷却水路线较多，不仅需要对带钢进行冷却，还需要对轧辊进行冷却。

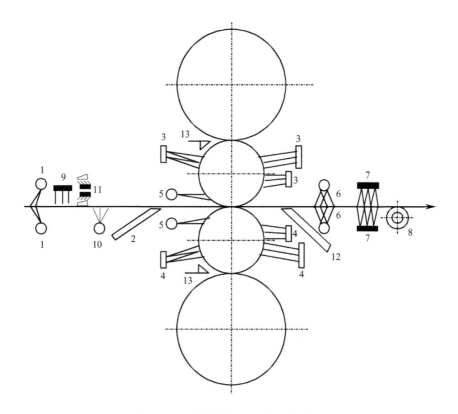

图 2-32　精轧机轧辊和带钢冷却系统

1—精轧除磷水（F1 前）；2—中间集管冷却；3—上工作辊冷却水；4—下工作辊冷却水；
5—放剥落水（F1～F4 前）；6— 切水装置（F3～F7）；7—机架间冷却水；8—活套冷却水；9—带钢冷却水；
10—带钢底喷水（F2～F4）；11—侧导板冷却水；12—轧后冷却水；13—辊缝润滑

2.6.2　冷却水管道堵塞情况

　　产线检修期间，对现场轧制冷却水系统进行了全面的检查和清理。检查现场发现，如图 2-23 所示，冷却水大部分水嘴均存在堵塞情况，部分水嘴已经出现完全堵塞情况，这将无法保证冷却水均匀喷射到带钢及轧辊表面，继而无法保证轧辊热凸度的均匀性和带钢温度分布的均匀性。同时也反映出现场水质较差，无法满足高精度板形控制需要。

　　由于视线阻挡，轧机内的水嘴横向喷水的均匀性不便观察。层流冷却过程中的喷水情况比较方便观察。如图 2-34 所示，层流冷却喷水存在较大的不均匀性，部分水嘴存在堵塞情况。

　　针对现场水质较差问题，现场可在上水管道增设反清洗过滤器，如图 2-35

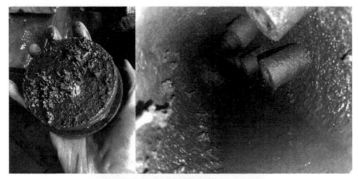

图 2-33　精轧机轧制冷却水管路堵塞情况

图 2-34　层流冷却不均匀喷水情况

所示，该过滤器可较大程度消除水中杂质，保证管路畅通，从而保证轧制过程带钢温度控制精度。

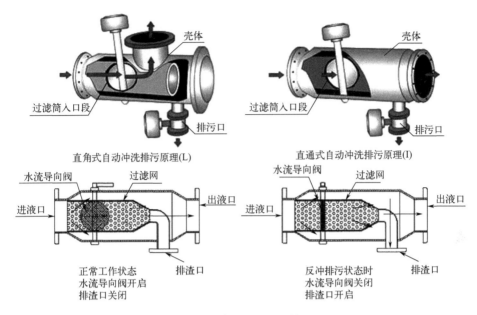

图 2-35　反清洗过滤器及其原理

2.7　本章小结

本章的主要结论如下。

① 受订单和排产的影响，轧制过程同宽轧制特征显著，一个轧制单位内，主要包括 2～3 个宽度规格，其余宽度规格轧制量较少。同宽轧制条件下，更应注重轧制计划编排的合理性。在一个轧制单位内，宽度变化总体上应为由宽到窄轧制，带钢强度级别应由高到低。逆宽轧制、强度跳跃较大轧制等情况不利于轧辊磨损控制、轧制力稳定和模型学习的稳定性。

② 精轧各机架模型凸度计算值、辊缝凸度值、比例凸度分配值应尽量统一，以利于板形控制。例如调查结果发现，上游机架 F1～F4 工作辊负窜辊多于正窜辊，F1 和 F2 机架出现大量未循环窜辊甚至长期停留在极限位置的情况，这说明模型设定参数和板形控制策略不合理、不匹配。

③ 通过对工作辊磨损的测量发现，精轧上游工作辊出现较多边部磨损量大于中部的情况（工作辊边部不与板坯接触），也有磨损量出现负值的情况，表明精轧上游工作辊辊形测量不够准确。精轧上游高速钢工作辊服役时间较短，不能

充分发挥其良好的耐磨性特点。粗轧工作辊出现磨损倾斜现象，对来料楔形将会产生较大影响，生产过程中应注意对粗轧工作辊磨辊的监测。

④ 热轧带钢横向温度分布不均匀，主要表现为从带钢中部到边部，温度分布呈现先升高后急剧降低的趋势，即边部温度最低，次边部温度最高，中部温度较低。出现这一温度趋势的原因，与轧制节奏较快时加热炉保温时间不足、加热炉保温性能较差、带钢冷却不均匀有关。带钢两侧温度最高处位置与板廓出现的猫耳内侧最低点位置基本吻合。因此，带钢温度分布不均匀是导致出现猫耳形板廓的重要因素。

⑤ 除去边部倒角之后，支承辊对工作辊的有效支承宽度变小，因此对于宽度大于支承辊有效支承宽度的带钢，容易出现边部增厚问题，且带钢越宽，产生的可能性越大。因此，应根据支承辊有效支承宽度确定轧机所生产带钢的最大宽度。

⑥ 工作辊磨削时，表面温度超过40℃的情况时有发生，说明工作辊热磨削问题较为突出。热磨削造成工作辊的机凸度与设计凸度存在较大差别，影响板形控制精度。带钢轧制过程中工作辊热凸度相对较大。较大的工作辊热凸度对板形影响很大，在实施工作辊热磨削并配合窜辊操作后，板坯会在一个机架出现负凸度板廓，进而使后续板形不易控制，产生复杂板形缺陷。因此，应尽量避免热模型现象的发生。

⑦ 现场发现，冷却水水嘴均存在堵塞情况，部分水嘴已经出现完全堵塞情况，这将无法保证冷却水均匀喷射到带钢及轧辊表面，继而无法保证轧辊热凸度的均匀性和带钢温度分布的均匀性。应提高水厂水质处理标准或加装反冲洗过滤器，保证轧机冷却水水质，减少管道水嘴发生堵塞的情况。

3

高温塑性变形行为研究

3.1 材料介绍

该部分内容以某 1580mm 热连轧产线生产的无取向电工钢为背景展开。材料的高温力学属性，不仅是计算热轧过程中轧制力的重要依据，也是进行板形控制的关键。材料的高温力学性能会随着温度、应变速率和变形程度而发生变化。电工钢热轧过程变形复杂，一方面带钢的应变速率会随轧制过程逐渐增高，另一方面带钢温度会随冷却过程逐渐降低，组织内部会发生相变过程。这两方面都会引起材料力学性能的改变，尤其是带钢横向温度分布不均时会导致带钢产生不均匀变形，从而引发板形问题。

本章以无取向电工钢为例来进行说明。现场实践表明，电工钢板很多板形缺陷难以通过常规板形控制手段消除，如现场生产中，即便像厚度较大的 F4 机架，也会出现浪形问题，这一现象按照传统的板形理论无法解释，令人感到匪夷所思。因此，研究电工钢高温塑性变形行为，总结电工钢变形机理和变形规律，建立准确可靠的电工钢热塑性本构关系模型，从而为电工钢热轧过程数值模拟提供可靠的材料模型，进而揭示电工钢热轧板形形成机理，并最终为电工钢热轧过程板形精确有效控制提供理论依据，对于提高电工钢热轧板形质量至关重要。

电工钢一般是指含碳量很低且具有一定硅含量的硅铁合金，因此也称硅钢。在本书中，如无特殊说明，电工钢均指硅钢。电工钢的生产技术复杂，制造工艺严格，因此电工钢被称为钢铁产品中的"工艺品"。电工钢的制造技术和产品质量是衡量一个国家特殊钢生产和科技发展水平的重要标志之一[11]。

电工钢主要用于制造变压器、发电机、电动机的铁芯以及镇流器、继电器、磁放大器、扼流线圈、磁屏蔽、磁开关等导磁元件。电工钢可分为无取向电工钢和取向电工钢。与无取向电工钢相比，取向电工钢的磁性具有强烈的方向性，在易磁化的轧制方向上具有优越的高磁导率与低损耗特性[12]。取向电工钢是经过二次再结晶过程而产生出来的。由于二者性能特点不同，在使用方向上存在差异，取向电工钢主要用来制作变压器等的铁芯。无取向电工钢主要用作制造电动机和发电机等的铁芯[13]，这是由于电机在运行时，转子不停旋转的特性就要求构成转子的电工钢材料为磁各向同性，而无取向电工钢正好满足了磁各向同性的要求[14]。

3.2 实验方案

3.2.1 生产现场取样与试样制备

实验用电工钢取样在我国产量最大的电工钢热连轧生产线进行，样品来自较厚的粗轧中间坯废钢，以便取回后能加工成尺寸较小的实验用标准式样。在进行大块切割后带回，实验室通过线切割设备制成几十个 $\phi 8 \times 15mm$ 的圆柱体标准试样。如图 3-1 所示为取样现场和最终加工成的式样。

该样品为低牌号无取向电工钢 50W1300，该类硅钢热轧带卷厚度为 2.2mm，冷轧后最终成品标定厚度为 0.5mm。该类电工钢属于超低碳低硅电工钢，是电工钢中用量和产量最大的一类产品。低碳低硅电工钢占全部电工钢用量的 60%以上，这类电工钢一般用于制造各种家用电器（有些也用于工业）中的小型电机，电工钢铁损可达电机总损耗的 10%～30%[11]。表 3-1 为该电工钢主要化学成分表，可见这类电工钢具有极低的碳含量，硅的含量相对其他种类的电工钢也较低。

图 3-1　取样现场及最终加工成的式样

表 3-1　　电工钢主要化学成分表

成分	C	Si	Mn	Al	Cu	Cr	Ni	Mo
质量分数含量/%	0.001	0.301	0.249	0.053	0.032	0.024	0.012	0.003

3.2.2　热膨胀实验方案

固体在温度升高时，固体各种线度（如长度、宽度、厚度、直径等）一般来说都要增长，这种现象叫作固体的线膨胀。金属在高温下组织的不同，也会造成线膨胀系数的差别。利用这一原理，可以测量金属的高温相变温度。为了测量式样的相变温度，使用热力模拟机首先将试样加热到 1200℃，接着保温以使其充分奥氏体化，随后按照不同的冷却速率冷却到室温，并同时存取冷却过程中的膨胀量（出现负值时收缩量）。线膨胀实验中实验的温度控制如图 3-2 所示。

3.2.3　热压缩实验方案

电工钢热压缩实验室在 Gleeble-1500 热力模拟机上进行。热压缩实验的实验步骤如图 3-3 所示。首先将试样加热到 1200℃，然后保温 5min，以使其充分奥氏体化并保证组织均匀，随后将试样冷却到实验温度并保温 30s，之后进行不同温度和不同变形速率下的压缩实验，压缩过程中计算机自动记录应力应变等数据。根据本试验机的性能和实际实验要求，确定的热压缩实验变形温度和应变速率见表 3-2。

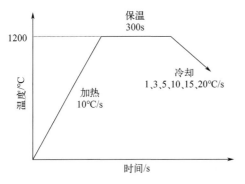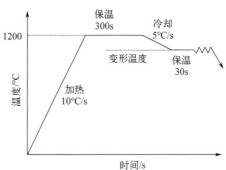

图 3-2　热膨胀实验方案

图中箭头表示降温，冷却速率有多重。

图 3-3　热压缩实验方案

表 3-2　热压缩实验中的主要变形参数

项目	参数
变形温度/℃	1120，1050，1000，975，950，925，900，875，850，800，750
应变速率/s⁻¹	0.05、0.1、0.5、1、10
真应变	0.9

3.3　热膨胀实验结果与分析

3.3.1　实验结果

实验得到的不同冷却速率下获得的热膨胀数据如图 3-4 所示。从图中可以看出，电工钢在冷却过程中的膨胀量存在两个拐点，拐点存在的温度范围为大致为 800~1000℃，两个拐点之间的温度区间长度在 30℃ 左右。除了拐点之间区域外的其他部分的热膨胀表现出很强的线性特征。出现两个拐点说明在冷却过程中发

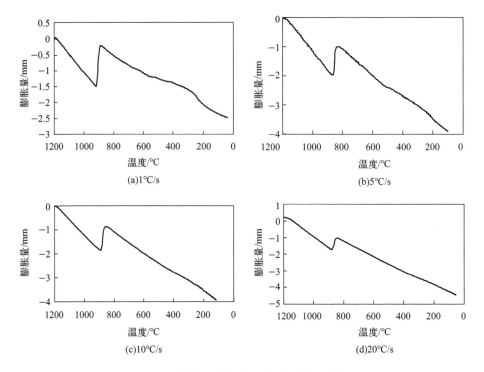

图 3-4　不同冷却速率下的热膨胀实验结果

生了 1 次相变，这两个拐点对应的温度被认为是相变开始和结束的温度，也就是冷却相变点[15]。冷却相变温度一般低于平衡相变温度。根据实验结果，确定了冷却速率分别为 1℃/s、3℃/s、5℃/s、10℃/s、15℃/s 和 20℃/s 等 6 个不同的冷却速率下的相变开始温度 $Ar3$ 和相变结束温度 $Ar1$，如表 3-3 所示。从表中可以看出，随着冷却速率的提高，相变温度也随之降低，当试样冷却速率从 1℃/s 升高到 20℃/s 时，相变开始和结束温度均降低了 60℃ 左右。出现这一现象主要是因为冷却速率越大导致过冷度越大，致使相变驱动力增大，相变转变加快进行[16]。根据之前学者对铁硅合金相变规律的研究[17,18]，分析该种低硅超低碳电工钢在冷却过程中的相变为奥氏体向铁素体的转变。

表 3-3　不同冷却速率下的相变温度

冷却速率/ (℃/s)	$Ar3$/℃	$Ar1$/℃
1	924	892
3	911	887
5	899	872
10	889	861
15	875	839
20	864	833

3.3.2　热轧阶段相变过程分析

为了获取较好的机械加工性能，板坯在热轧前需要在加热炉里加热到一定的温度，以无取向电工为例，它在加热炉里加热到将近 1200℃，然后进行粗轧 R1 3 个道次和 R2 5 个道次的往复轧制以及精轧 7 个道次连轧。随着轧制的进行，板坯的温度逐渐降低。由于轧制速度以及冷却工艺的差别，不同道次间板坯的变形速率和冷却速率也不相同。一般情况下，后面道次的轧制速度要高于前面道次，因此变形速率总体趋势也会升高。轧件的冷却速率并没有明显是趋势，这主要是因为各个机架的冷却水可以自行调节以实现带钢凸度控制。我们通过现场数据采集获得了无取向电工钢从粗轧 R1 机架到精轧 7 机架连轧全过程中板坯轧制温度、冷却速率、变形速率和应变变化的情况，如表 3-4 所示。

表 3-4　无取向电工钢热轧过程轧制温度、冷却速率、变形速率和应变变化

机架位置	道次编号	轧制温度/℃	冷却速率/ (℃/s)	变形速率/s^{-1}	应变变化
	R1.1	1118.3	0.6	2.6	0.14
粗轧 R1	R1.2	1115.6	0.8	2.5	0.16
	R1.3	1111.3	1.8	3.4	0.15

机架位置	道次编号	轧制温度/℃	冷却速率/（℃/s）	变形速率/s⁻¹	应变变化
粗轧 R2	R2.1	1102.8	0.3	3.2	0.26
	R2.2	1101.8	1.0	3.7	0.29
	R2.3	1094.7	0.8	3.9	0.31
	R2.4	1087.7	1.4	4.4	0.31
	R2.5	1071.4	2.1	5.3	0.34
精轧	F1	944.7	7.8	4.3	0.28
	F2	907.1	6.9	10.4	0.45
	F3	889.6	8.3	16.9	0.39
	F4	873.9	5.3	47.5	0.54
	F5	868.3	3.6	89.6	0.44
	F6	865.3	4.7	126	0.32
	F7	862.6	5.0	143	0.20

从表中的轧制温度和冷却速率变化趋势并结合热膨胀实验获得的冷却相变温度，可以得到无取向电工钢热轧过程的冷却相变温度。电工钢在粗轧 R1 和 R2 阶段最低温度仍超过 1070℃，由于温度较高粗轧过程电工钢不会发生相变。在此，将热膨胀实验获得的冷却相变温度和电工钢热轧过程实际的温度-冷却速率数据放在一张图中，可以清晰地确定电工钢精轧过程的相变区间，如图 3-5 所示。从图中可以看出，精轧 F3 和 F4 落在了相变范围内，因此可以判断，电工钢

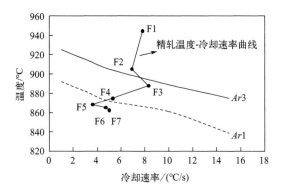

图 3-5　电工钢精轧过程相变区间的确定

从精轧 F1 机架开始主要以奥氏体为主，精轧 F3 和 F4 机架是相变发生的机架，F5 机架相变结束，此时电工钢组织主要为铁素体，之后的轧制道次电工钢组织全部以铁素体形式存在。由于轧制过程中带钢温度不断降低，在轧制中后期相变区域会扩大到精轧 F2 机架。因此在整个轧制过程中，精轧 F2～F4 机架是相变发生的主要位置。

3.4　热压缩实验结果与分析

3.4.1　实验结果

根据表 3-2 热压缩实验方案，进行了不同温度和不同应变速率下的热压缩实验，实验中获得了大量的实验数据，选取其中部分实验数据，绘制了如图 3-6 所示的应力-应变（σ-ε）曲线图。

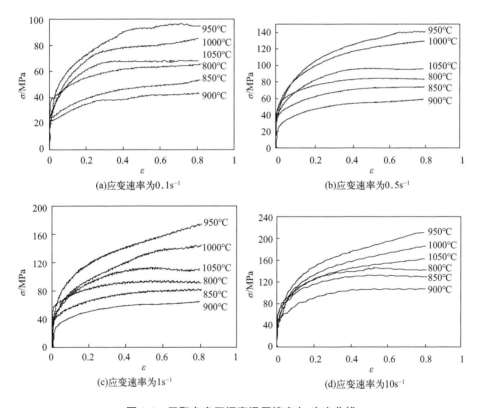

图 3-6　无取向电工钢高温压缩应力-应变曲线

从应力-应变图可以明显看出，峰值应力并非单纯地随着温度的升高而降低，在950～1050℃温度范围内，应力应变曲线表现为随变形温度的升高，应力也随之降低的趋势，这一温度区间主要为奥氏体单相区；在800～900℃温度区间内也存在这一趋势，这一温度区间主要为铁素体单相区。在950～1050℃温度范围内的峰值应力高于相对较低温度的800～900℃温度区间，这一现象的出现主要是由电工钢在这两个温度区间内组织不同而引起的，奥氏体的变形抗力要大于铁素体。在900～950℃或者稍大的温度范围内，电工钢发生了奥氏体向铁素体的转变。电工钢在相变过程中，峰值应力并不随温度的降低而升高，而表现出相反的趋势。此外，对比图3-6（a）～（d）图可以发现，应变速率对变形应力的影响很大，随着应变速率增加，应力迅速增加。应变速率从0.1s^{-1}提高到10s^{-1}，各温度下的峰值应力均增加到原来的2.1倍以上。

为了探究电工钢相变过程中的变形规律，下面给出了875～975℃温度区间内电工钢热压缩过程的应力-应变曲线，如图3-7所示。这一温度范围包含了相变发生的温度区间。从图中可以看出，温度从950℃变化到900℃时，应力水平随着温度的降低而降低，表现出相变软化现象，超过900～950℃这一温度范围应力则表现为随温度的升高而降低，恢复正常的高温软化规律。因此可以得出，900～950℃温度范围是电工钢相变发生的主要温度区间。高于950℃，主要为奥氏体组织；低于900℃，主要为铁素体组织。

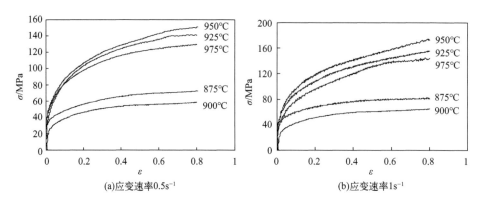

图3-7　875～975℃温度范围内应力-应变曲线

3.4.2　电工钢热塑性变形规律

（1）峰值应力变化规律

本次热压缩实验的温度范围涵盖了从粗轧到精轧整个轧制过程。由于本实验使用的热模拟试验机能力的限制，只能得到最高应变速率为10s^{-1}情况下的应力应变数据，本实验的应变速率范围覆盖了从粗轧到精轧上游机架。随着电工钢温度的降低，电工钢组织会发生从奥氏体到铁素体的转变，并导致其力学特性发生改变。图 3-8 为电工钢在 750～1050℃温度范围内，热压缩过程峰值应力的变化情况，在图中上方还标明了大致的相区范围。从图中可以看出，随着温度的降低，峰值应力出现先增大后减小再增大的趋势。峰值应力随温度降低而增大时，主要存在于单相区，在相变区域则表现出相反的趋势。

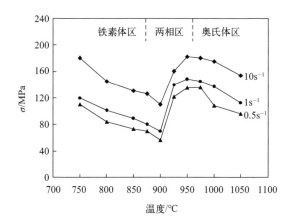

图 3-8 热压缩过程峰值应力随温度变化趋势

应变速率对变形应力的影响具有确定的趋势。一般来说，应变速率越高，变形过程中应力也越大。电工钢高温压缩过程中的峰值应力 σ 与应变速率的导数 $\ln\dot{\varepsilon}$ 具有如图 3-9 所示的关系。从图中可以看出，不同温度下的峰值应力与应变速率的导数都呈近似线性的关系。峰值应力随着 $\ln\dot{\varepsilon}$ 的增大而线性增大，不同温度下各直线的斜率相差不大，可得出不同温度下的峰值应力随 $\ln\dot{\varepsilon}$ 增长趋势具有一致性。

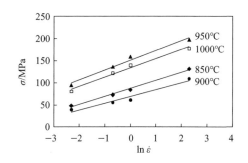

图 3-9 峰值应力与变形速率导数的关系

(2) 相变温度的计算

通过热膨胀实验可以得到不同冷却速率下该电工钢的相变温度，这时测得的相变温度为冷却相变点。通过热模拟实验可以发现，电工钢在不同相区表现出不同的力学性能，通过图3-8我们可以发现峰值应力随温度变形时出现两个拐点，这两个拐点附近的温度便是相变开始和结束的温度。从图中可以看出，这两个温度分别在950℃附近和900℃附近。通过参考文献［11］中给出的经验公式可以计算得出该种电工钢相变温度A_3和A_1分别为：

$$A_3 = 937.2 - 47.95(C\%) + 56(Si\%) + 194.8(Al\%) = 964℃$$
$$A_1 = 820 + 30(Si\%) + 30(Al\%) - 60(C\%) = 831℃$$

(3-1)

不同学者给出的经验公式不尽相同，由于成分存在差异，得到的相变温度也存在一定差别。经验公式可以作为划分相变温度的参考，通过上面我们对电工钢不同温度下峰值应力的变化规律的总结可以得到，900～950℃是该种电工钢相变发生的主要温度区间，流变应力在这一温度区间呈现随着温度的降低应力明显升高的现象。由于相变刚开始发生时和即将结束时的临界温度范围内电工钢流变应力的改变并不会表现得那么明显，根据峰值应力变化规律并参考相变温度经验公式，我们划定了该电工钢相变温度A_3和A_1分别为975℃和875℃。

3.5 本构关系模型

3.5.1 流变应力与材料本构关系模型

流变应力是表征材料塑性变形的一个基本量。金属材料的流变应力，通常由该材料在不同变形温度、变形速度和变形程度下，单向压缩或拉伸时的屈服应力、峰值应力或稳态应力值的大小来衡量。金属在塑性变形过程中，流变应力主要与变形温度T、应变ε和应变速率$\dot{\varepsilon}$有关，另外流变应力还与材料的化学成分、晶粒尺寸、组织结构和变形历史等其他条件有关。一般在单道次拉伸或压缩实验中，忽略化学成分和微观组织等因素的变化，则流变应力σ可以表示为变形温度T、应变ε和应变率$\dot{\varepsilon}$的函数：

$$\sigma = f(T, \varepsilon, \dot{\varepsilon})$$

(3-2)

材料的本构模型可以用来预测材料变形在特定温度、应变和应变速率下的力学响应[19]。本构模型建立的过程即为确定上式中流变应力与其影响因素关系的过程。本构关系模型是联系材料塑性变形与热力学参数之间的桥梁，关系到有限元数值模拟的准确性与精度，因而在塑性成形过程的基础研究领域占有十分重要的地位[20]。为了描述材料变形规律，国内外学者根据材料变形特点及其影响因素之间的相互关系，采用不同的方法建立了描述材料高温塑性变形特性的本构关系模型。这种本构模型的建立过程一般都是先通过实验的方法测得不同温度、应变和应变速率下的流变应力变化情况，然后根据实验数据通过回归分析方法或者人工神经网络方法建立能够较为准确描述材料变形过程的唯象本构模型。唯象理论是对实验现象描述、总结和预测。

目前各国学者提出了很多适用于不同材料变形特性的本构关系模型，其中Arrhenius型本构模型[21,22]在预测金属高温变形方面得到广泛应用。为了描述不同金属及其合金热压缩变形规律，Arrhenius型本构关系模型采用包括变形激活能、绝对温度、通用气体常数和材料常数的幂指数形式、指数形式和双曲线正弦形式的关系来描述热激活稳态变形行为。这种方法在国内外金属材料高温变形本构关系的建模中得到了广泛的应用。

本构模型是描述材料变形过程中力学行为的重要工具，也是进行材料加工过程数值模拟的关键。本构模型反映了流变应力和各参数之间的关系，是进行塑性变形过程仿真和设计的基础[23]。目前金属的本构模型通常采用唯象理论的方法建立，即通过对确定条件下以实验数据为基础进行描述实验过程中流变应力与各影响参数之间的关系，达到预测其他条件下材料变形行为的目的。本书中无取向电工钢的本构模型的建立也是以实验数据为基础，通过不同方法对实验数据进行准确描述，并能准确预测非样本条件下的流变应力。准确可靠的电工钢热变形本构模型可为后面的电工钢热轧过程数值模拟提供依据。结合无取向电工钢热膨胀实验与热模拟压缩实验的分析结果，制定了无取向电工钢的奥氏体-铁素体两相区温度范围为975～875℃，高于975℃为奥氏体区，低于875℃为铁素体区。

本书将在热模拟实验的基础上，利用不同的方法建立准确描述电工钢高温压缩过程流变行为的本构关系模型。首先，根据热压缩实验数据，通过总结各参数之间的关系，自行开发了适用于电工钢热压缩过程的本构模型，这种模型结构相对简化，模型精度较高，可推广到其他金属材料的本构模型建模中；随后，采用广泛应用的 Arrhenius 方程和神经网络算法，对电工钢热压缩过程进行本构建模；最后，对比了新开发的本构模型、Arrhenius 模型和神经网络模型的计算精度。

3.5.2 电工钢高温压缩过程本构关系模型的开发

描述金属变形行为的本构模型有很多种，在此本书通过总结已有成熟的本构关系模型（如 Arrhenius 型及其改进型模型[21,22,24]）的建模过程，借鉴其建模方法，开发了适用于电工钢高温压缩过程的本构关系模型。

电工钢在高温变形下的流变应力可以看作是温度、应变和应变率的函数。对于给定的温度和应变率，流变应力会随着应变的增大而增大，也就是出现应变强化现象。这时，流变应力 σ（MPa）与应变 ε 的关系可以写成如下公式：

$$\sigma = k\varepsilon^n \tag{3-3}$$

式中，k 为强度系数，MPa；n 为应变强化指数。

（1）单相区本构模型的建立

对于给定的应变和应变率，当电工钢组织处于单相区时，流变应力会随着温度的升高而降低，也就是会出现高温软化现象。这时，流变应力 σ 与温度 T 之间存在指数关系（如图 3-10 所示）：

$$\sigma = a\exp(bT) \tag{3-4}$$

式中，a 为强度系数；b 为温度软化指数。

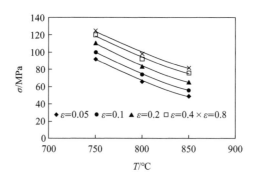

图 3-10　铁素体区流变应力和温度关系及拟合曲线

如果单从式（3-3）和（3-4）来看，应变和温度对流变应力的影响似乎是相互独立的。事实上，温度和应变对流变应力的影响存在耦合关系，参数 a、b 会随着应变 ε 的变化而变化。单相区本构关系建模仅以铁素体区建模过程为例进行说明，奥氏体区建模过程与之相同。例如，在铁素体区，不同应变率下参数 a、b 随应变 ε 的变化规律如图 3-11 所示。

参数 a 和 b 可以看作应变 ε 的函数，通过参数 a 的变化规律可以将 a 写成关于 ε 的幂函数，参数 b 可以写成关于 ε 的对数函数：

$$a = A\varepsilon^n \tag{3-5}$$

$$b = B\ln\varepsilon + C^* \tag{3-6}$$

图 3-11 中通过上式拟合得到的曲线和拟合点之间的相关系数均在 0.996 以上，表明用该式表达是合理的。通过如上数学关系，则式（3-4）可以表达为

$$\sigma = A\varepsilon^n \exp\left[(B\ln\varepsilon + C^*)T\right] \tag{3-7}$$

通过图 3-11 可以得到不同应变率下的参数 A、n、B、C^* 值，如图 3-12 所示。这些参数可以表达成关于 $\ln\dot{\varepsilon}$ 的多项式的形式：

$$\begin{cases} A = A_0 + A_1\ln\dot{\varepsilon} + A_2(\ln\dot{\varepsilon})^2 + A_3(\ln\dot{\varepsilon})^3 + A_4(\ln\dot{\varepsilon})^4 \\ n = n_0 + n_1\ln\dot{\varepsilon} + n_2(\ln\dot{\varepsilon})^2 + n_3(\ln\dot{\varepsilon})^3 + n_4(\ln\dot{\varepsilon})^4 \\ B = B_0 + B_1\ln\dot{\varepsilon} + B_2(\ln\dot{\varepsilon})^2 + B_3(\ln\dot{\varepsilon})^3 + B_4(\ln\dot{\varepsilon})^4 \\ C^* = C_0 + C_1\ln\dot{\varepsilon} + C_2(\ln\dot{\varepsilon})^2 + C_3(\ln\dot{\varepsilon})^3 + C_4(\ln\dot{\varepsilon})^4 \end{cases} \tag{3-8}$$

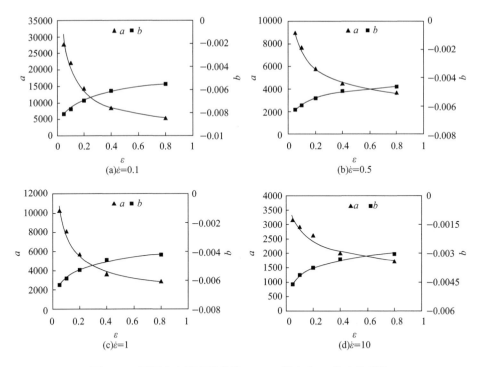

图 3-11　不同应变速率下参数 a、b 随应变 ε 的变化趋势

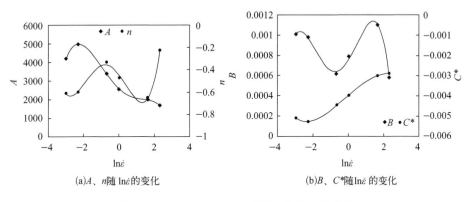

(a)A、n随 $\ln\dot{\varepsilon}$的变化　　　　　(b)B、C^*随 $\ln\dot{\varepsilon}$ 的变化

图 3-12　A、n、B、C^* 随 $\ln\dot{\varepsilon}$ 的变化趋势

多项式拟合系数 A_i、n_i、B_i、C_i（$i=0\sim4$）可通过图 3-12 中的拟合曲线获得，由此获得的各拟合系数值如表 3-5 所示。由式（3-7）、式（3-8）和表 3-5 中确定的系数即可获得电工钢热压缩过程铁素体区本构关系模型。

表 3-5　电工钢本构模型中各参数的值

i	A_i	n_i	B_i	C_i
0	2589.9	7.619×10^{-4}	-0.4437	-3.950×10^{-3}
1	-886.87	2.916×10^{-4}	-0.2082	7.527×10^{-4}
2	377.36	1.320×10^{-4}	-0.0896	-4.209×10^{-5}
3	31.80	-7.141×10^{-5}	0.0546	-4.437×10^{-5}
4	-44.35	-2.458×10^{-5}	0.0183	3.469×10^{-6}

　　模型建立后需要对模型的准确性进行评判，在此以 750℃ 应变速率为 $1\mathrm{s}^{-1}$ 时和 850℃ 应变速率为 $0.1\mathrm{s}^{-1}$ 的实验值和模型计算值进行对比，如图 3-13 所示。从图中可以看出，该模型对于流变应力的计算精度较高，我们在后面的章节还会对模型的精度进行对比说明。

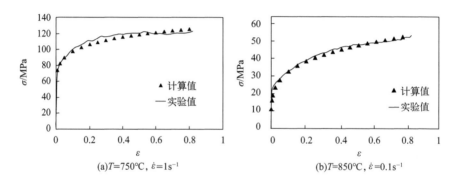

图 3-13　模型计算值和实验值对比图

(2) 两相区本构模型的建立

　　电工钢在发生相变时其力学行为较为复杂，流变应力在相变温度附近仍然表现出单向区的特征，即随温度的降低流变应力会升高，远离相变温度则表现出相反的特征。由于在整个相变区流变应力变化规律呈非单调性，本书仅以远离相变温度处于相变核心区（900～950℃）时进行本构模型的构造。在奥氏体-铁素体两相区，通过图 3-14 可以看出，流变应力会随着温度的升高而升高，这时流变应力 σ 与温度 T 之间的关系可以看作对数关系（如图 3-14 所示），即：

$$\sigma = c\ln T^* + d \tag{3-9}$$

　　式中，$T^* = T - T_{ref}$，T_{ref} 为参考温度，可将其设置为两相区下临界温度，为体现明显的规律性，这里将其设置为 898℃。图 3-15 为不同应变速率下参数 a、b 相对于应变 ε 的变化趋势。

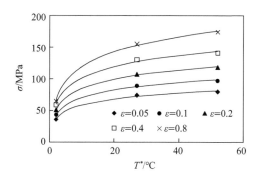

图 3-14 两相区应力和温度关系及对数拟合曲线

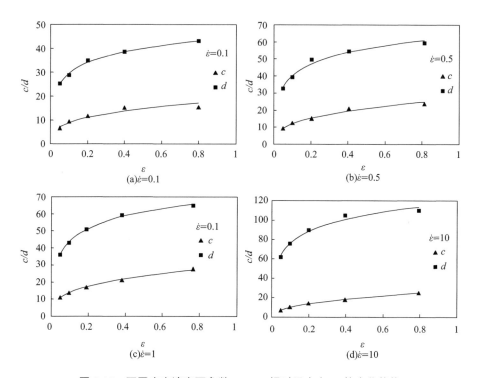

图 3-15 不同应变速率下参数 a、b 相对于应变 ε 的变化趋势

参数 c 和 d 可以看作应变 ε 的函数，通过参数 c 的变化规律可以将 c 写成关于 ε 的对数函数，参数 d 可以写成关于 ε 的幂函数：

$$c = a\ln\varepsilon + \beta \tag{3-10}$$

$$d = k\varepsilon^m \tag{3-11}$$

图 3-14 中通过上式拟合得到的曲线和拟合点之间的相关系数均在 0.985 以上，表明用该式表达是合理的。通过如上数学关系，则式（3-9）可以表达为：

$$\sigma = (\alpha \ln \varepsilon + \beta) \ln T^* + k\varepsilon^m \qquad (3-12)$$

通过图 3-16 可以得到不同应变率下的参数 α、β、k、m，这些参数可以表示成关于 $\ln\dot{\varepsilon}$ 的多项式的形式：

$$\begin{cases} \alpha = \alpha_0 + \alpha_1 \ln\dot{\varepsilon} + \alpha_2 (\ln\dot{\varepsilon})^2 + \alpha_3 (\ln\dot{\varepsilon})^3 + \alpha_4 (\ln\dot{\varepsilon})^4 \\ \beta = \beta_0 + \beta_1 \ln\dot{\varepsilon} + \beta_2 (\ln\dot{\varepsilon})^2 + \beta_3 (\ln\dot{\varepsilon})^3 + \beta_4 (\ln\dot{\varepsilon})^4 \\ k = k_0 + k_1 \ln\dot{\varepsilon} + k_2 (\ln\dot{\varepsilon})^2 + k_3 (\ln\dot{\varepsilon})^3 + k_4 (\ln\dot{\varepsilon})^4 \\ m = m_0 + m_1 \ln\dot{\varepsilon} + m_2 (\ln\dot{\varepsilon})^2 + m_3 (\ln\dot{\varepsilon})^3 + m_4 (\ln\dot{\varepsilon})^4 \end{cases} \qquad (3-13)$$

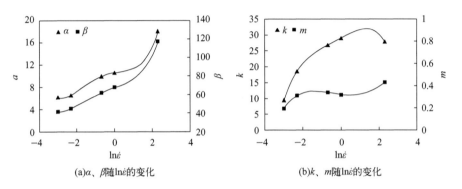

(a)α、β随$\ln\dot{\varepsilon}$的变化　　(b)k、m随$\ln\dot{\varepsilon}$的变化

图 3-16　α、β、k、m 随 $\ln\dot{\varepsilon}$ 的变化趋势

多项式拟合系数 A_i、n_i、B_i、C_i（$i = 0 \sim 4$）可通过上图中的拟合曲线获得，由此获得的各拟合系数值如表 3-6 所示。由式（3-12）、式（3-13）和表 3-6 中确定的系数即可获得电工钢热压缩过程两相区本构关系模型。

表 3-6　电工钢本构模型中各参数的值

i	α_i	β_i	k_i	m_i
0	10.63	68.03	29.03	0.3210
1	0.5836	7.8304	3.1426	-0.2142
2	-0.3516	0.0491	-0.1227	0.0154
3	0.3591	1.5068	-0.2082	0.0090
4	0.1258	0.4584	-0.1823	-0.1823

模型建立后需要对模型的准确性进行评判，在此以 900℃应变速率为 $1s^{-1}$ 时和 950℃应变速率为 $10s^{-1}$ 的实验值和模型计算值进行对比，如图 3-17 所示。从图中可以看出，该模型对于流变应力的计算精度较高，我们在后面的章节还会对模型的精度进行对比说明。

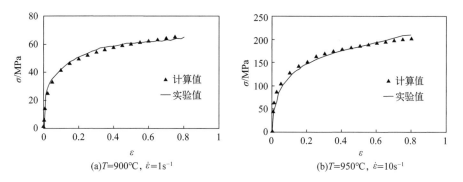

(a)$T=900℃$，$\dot{\varepsilon}=1s^{-1}$　　　　　　　　(b)$T=950℃$，$\dot{\varepsilon}=10s^{-1}$

图 3-17　模型计算值和实验值对比图

3.5.3 Arrhenius 型模型

Arrhenius 型及其改进型模型是目前国内外学者建立金属材料本构模型中最常使用的模型。基于材料组织变化引起变形激活能变化的特性，这类模型可将变形激活能引入到本构方程的建模中。对于电工钢而言，温度对内部组织的影响，可由温度对变形激活能的影响来表示。温度 T 和应变速率 $\dot{\varepsilon}$ 对变形行为的影响表示成 Zener-Hollomon 参数 Z，其与温度和应变速率的关系满足以下指数方程[21，22]：

$$Z=\dot{\varepsilon}\exp\left(\frac{Q}{RT}\right) \tag{3-14}$$

式中，Q 即为热变形中的应变激活能，kJ/mol；R 为通用气体常数，取 8.134J·mol^{-1}·K^{-1}。Arrhenius 型方程给出了如下所示的流变应力和 Z 之间的关系：

$$\dot{\varepsilon}=A_2F(\sigma)\exp\left(-\frac{Q}{RT}\right) \tag{3-15}$$

$$F(\sigma)=\begin{cases} \sigma^{n_1}, & \alpha\sigma<0.8 \\ \exp(\beta\sigma), & \alpha\sigma>1.2 \\ [\sinh(\alpha\sigma)]^n, & 任意\ \sigma \end{cases} \tag{3-16}$$

$$\alpha=\frac{\beta}{n_1} \tag{3-17}$$

式中，σ 是给定应变下的流变应力；n_1、n、β、α 是材料常数；双曲正弦形式，是修正的 Arrhenius 形式，可以用来表达热激活稳态变形行为。如果将 σ 表达为参数 Z 的函数，可以表示为：

$$\sigma=\frac{1}{\alpha}\ln\left\{\left(\frac{Z}{A}\right)^{1/n}+\left[\left(\frac{Z}{A}\right)^{2/n}+1\right]^{1/2}\right\} \tag{3-18}$$

当流变应力分别处于低应力水平和高应力水平时，式（3-15）分别为幂函数和指数函数形式，式（3-14）可以表示为：

$$\dot{\varepsilon} = A_1 \sigma^{n_1} \exp\left(-\frac{Q}{RT}\right) \tag{3-19}$$

$$\dot{\varepsilon} = A_2 \exp(\beta\sigma) \exp\left(-\frac{Q}{RT}\right) \tag{3-20}$$

$$\dot{\varepsilon} = A\left[\sinh(\alpha\sigma)\right]^n \exp\left(-\frac{Q}{RT}\right) \tag{3-21}$$

分别对以上三式两边求自然对数，则有

$$\ln\dot{\varepsilon} = n_1\ln\sigma + \ln A_1 - \frac{Q}{RT} \tag{3-22}$$

$$\ln\dot{\varepsilon} = \beta\sigma + \ln A_2 - \frac{Q}{RT} \tag{3-23}$$

$$\ln\dot{\varepsilon} = n\ln\left[\sinh(\alpha\sigma)\right] + \ln A - \frac{Q}{RT} \tag{3-24}$$

通过以上三式就可以确定式子的未知量，例如分别对式（3-22）两边对 $\ln\sigma$ 求偏导数、对式（3-23）两边对 σ 求偏导数、对式（3-24）两边对 $\ln\dot{\varepsilon}$ 求偏导、对式（3-24）两边对 $\frac{1}{T}$ 求偏导（将 $\frac{10000}{T}$ 代替 $\frac{1}{T}$ 以使作图清晰），对式（3-18）两边对 Z 求偏导数可以得到如下式子：

$$n_1 = \frac{\partial\ln\dot{\varepsilon}}{\partial\ln\sigma} \tag{3-25}$$

$$\beta = \frac{\partial\ln\dot{\varepsilon}}{\partial\sigma} \tag{3-26}$$

$$n = \frac{\partial\ln\dot{\varepsilon}}{\partial\ln\left[\sinh(\alpha\sigma)\right]} \tag{3-27}$$

$$Q = 10000Rnf \tag{3-28}$$

$$\ln Z = n\ln\left[\sinh(\alpha\sigma)\right] + \ln A \tag{3-29}$$

式（3-28）中 f 为

$$f = \frac{\partial\ln\left[\sinh(\alpha\sigma)\right]}{\partial(10000/T)} \tag{3-30}$$

(1) 单相区本构模型的建立

借助以上公式，通过对热模拟实验数据中各变量之间关系的研究，经线性拟合（线性相关系数 R 均大于 0.98），可得到如图 3-18 所示的不同变量之间的线性关系图，根据各直线斜率可以得到上面公式中各主要模型参数值。单向区建模过程仅以无取向电工钢处于奥氏体区时进行说明。

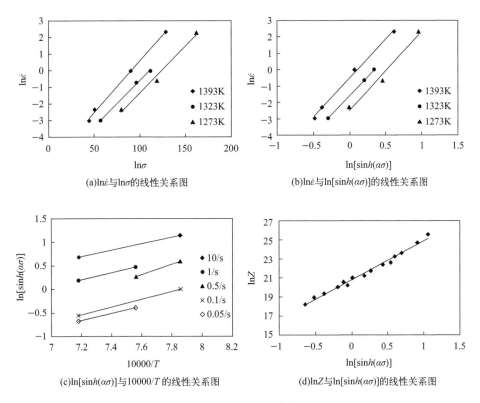

(a)ln$\dot{\varepsilon}$与lnσ的线性关系图

(b)ln$\dot{\varepsilon}$与ln[sin$h(\alpha\sigma)$]的线性关系图

(c)ln[sin$h(\alpha\sigma)$]与10000/T的线性关系图

(d)ln$Z$与ln[sin$h(\alpha\sigma)$]的线性关系图

图 3-18　不同变量之间的线性关系图

通过以上各图中直线斜率的计算，并借助式（3-25）～式（3-30）即可得到模型中各参数值，如表 3-7 所示。

表 3-7　模型中初步确定的各参数值

α	n	Q	ln$A$
0.010667	3.66233	289.887	25.3294

　　在上述模型参数的确定过程中，应力应变曲线中的数据均取应变在 0.8 时的实验数据，这时的应力大致为峰值应力，因此上述计算过程得到的模型参数可以用来计算无取向电工钢在奥氏体变形区处于不同温度和应变速率下的峰值应力。为了能够得到电工钢整个变形过程的本构模型，还需要根据上述过程分别对电工钢不同应变下的实验数据进行计算。由于计算量大，且是重复上述过程，因此本书不再赘述。最后得到的不同应变下的各参数值分布如图 3-19 所示。

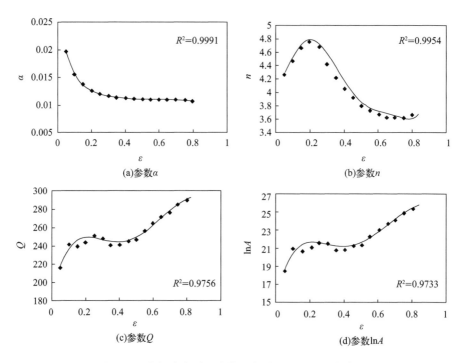

图 3-19 全部应变过程中模型参数及其六次拟合曲线

通过对上图中各参数点进行曲线拟合，参数 α、n、Q 和 $\ln A$ 和应变 ε 的关系可表示成 6 次多项式的形式，如下所示：

$$\begin{cases} \alpha = \alpha_0 + \alpha_1 \varepsilon + \alpha_2 \varepsilon^2 + \alpha_3 \varepsilon^3 + \alpha_4 \varepsilon^4 + \alpha_5 \varepsilon^5 + \alpha_6 \varepsilon^6 \\ n = n_0 + n_1 \varepsilon + n_2 \varepsilon^2 + n_3 \varepsilon^3 + n_4 \varepsilon^4 + n_5 \varepsilon^5 + n_6 \varepsilon^6 \\ Q = Q_0 + Q_1 \varepsilon + Q_2 \varepsilon^2 + Q_3 \varepsilon^3 + Q_4 \varepsilon^4 + Q_5 \varepsilon^5 + Q_6 \varepsilon^6 \\ \ln A = A_0 + A_1 \varepsilon + A_2 \varepsilon^2 + A_3 \varepsilon^3 + A_4 \varepsilon^4 + A_5 \varepsilon^5 + A_6 \varepsilon^6 \end{cases} \tag{3-31}$$

式中，α_i、n_i、Q_i 和 A_i（$i=0$，1，2，3，4，5，6）为拟合参数，各参数的拟合曲线和拟合点的相关系数均大于 0.97（见图中标注）。通过曲线拟合确定的各拟合参数值如表 3-8 所示。

表 3-8 无取向电工钢奥氏体区 Arrhenius 型本构模型中各参数值

i	α_i	n_i	Q_i	A_i
0	0.02687	4.0887	189.76	15.186
1	-0.18537	0.8164	660.62	82.857
2	0.97940	70.619	-2189.2	-391.55

i	α_i	n_i	Q_i	A_i
3	-2.7979	-481.56	-365.04	781.17
4	4.3966	1161.8	8980.4	-639.69
5	-3.5523	-1225.2	-13514	152.54
6	1.1482	480.28	5857.6	24.657

由式（3-14）、式（3-18）以及式（3-31），便可以预测铁素体区不同变形温度、应变量、应变速率下的流变应力。由双曲正弦函数的定义，即可建立由式（3-13）、式（3-17）所示的奥氏体区高温压缩过程本构关系模型。

模型建立后需要对模型的准确性进行评判，在此以 $1000℃$ 应变速率为 $1s^{-1}$ 和 $1120℃$ 应变速率为 $0.1s^{-1}$ 的实验值和模型计算值进行对比，如图 3-20 所示。从图中可以看出，该模型对于流变应力的计算精度较高，我们在后面的章节还会对模型的精度进行对比说明。

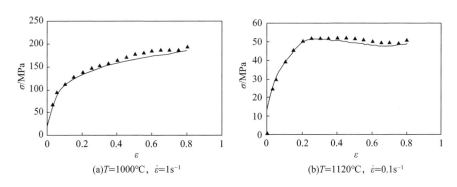

(a)$T=1000℃$，$\dot{\varepsilon}=1s^{-1}$　　　　　　　　(b)$T=1120℃$，$\dot{\varepsilon}=0.1s^{-1}$

图 3-20　模型计算值和实验值对比图

(2) 两相区本构模型的建立

由于相变过程中电工钢变形行为较为复杂，整个相变区流变应力随温度的变化规律并不是单调变化的，因此直接采用 Arrhenius 型方程建模得不到满意的结果。为了得到较为准确的电工钢两相区本构关系模型，在两相区本构模型建立时将某一相变下温度为 T 时的应变激活能用铁素体区应变激活能和奥氏体区应变激活能表示，即：

$$Q_{\alpha\gamma} = Q_\alpha + \frac{T - T_1}{T_3 - T_1}(Q_\gamma - Q_\alpha) \tag{3-32}$$

式中，$Q_{\alpha\gamma}$、Q_α、Q_γ 分别为两相区变形激活能、铁素体区变形激活能和奥氏体区变形激活能；T_1 和 T_3 分别为铁素体区与两相区临界温度和奥氏体区与两相区临界温度，即相变点。将单相区计算得到的应变激活能代入式（3-32），即可得到两相区应变激活能的表达形式为：

$$Q_{a\gamma} = a_1 T + b_1 \tag{3-33}$$

式中，a，b 均为已知量。采用 Arrhenius 型方程单相区的建模方法，可以得到某一应变下两相区模型参数 α、A 和 n 值。其中，$\ln A$ 可以表示成关于温度 T 的一次函数，即：

$$\ln A = a_2 T + b_2 \tag{3-34}$$

求解不同应变下的参数值，将各参数 α、n、Q 和 A 表达为应变量的函数 [如式（3-35）所示]，即可建立两相区本构关系模型。对于 $\ln A$ 值的拟合参考变形激活能的拟合公式，得到式（3-35）中所示的 $\ln A$ 的表达形式。由此便确立了电工钢热压缩过程两相区的本构关系模型，其中部分模型参数见表 3-9。式中，其他模型参数，如 Q_a、$\ln A_a$ 为所求应变下电工钢处于铁素体区的值，Q_γ、$\ln A_\gamma$ 为所求应变下电工钢处于奥氏体区的值，可通过铁素体或奥氏体区本构模型求得。

$$\begin{cases} \alpha = \alpha_0 + \alpha_1 \varepsilon + \alpha_2 \varepsilon^2 + \alpha_3 \varepsilon^3 + \alpha_4 \varepsilon^4 + \alpha_5 \varepsilon^5 + \alpha_6 \varepsilon^6 \\ n = n_0 + n_1 \varepsilon + n_2 \varepsilon^2 + n_3 \varepsilon^3 + n_4 \varepsilon^4 + n_5 \varepsilon^5 + n_6 \varepsilon^6 \\ Q = Q_a + \dfrac{T - T_1}{T_3 - T_1}(Q_\gamma - Q_a) \\ \ln A = c_0 \ln A_a + c_1 \ln A_\gamma + c_2 T \ln A_a + c_3 T \ln A_\gamma \end{cases} \tag{3-35}$$

表 3-9　无取向电工钢奥氏体区 Arrhenius 型本构模型中各参数值

i	α_i	n_i	c_i
0	0.0246	4.556	9.127
1	−0.1395	−10.981	−5.724
2	0.7523	65.208	−0.00724
3	−2.3121	−208.233	0.00523
4	3.9702	361.764	—
5	−3.5195	−324.828	—
6	1.2501	117.989	—

模型建立后需要对模型的准确性进行评判，在此以 900℃应变速率为 1s^{-1} 和 950℃应变速率为 0.1s^{-1} 的实验值和模型计算值进行对比，如图 3-21 所示。从

图中可以看出，该模型对于流变应力的计算精度较高，我们在后面的章节还会对模型的精度进行对比说明。

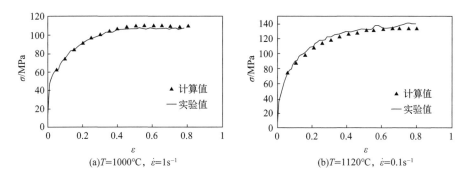

(a)$T=1000℃$, $\dot{\varepsilon}=1s^{-1}$　　　　　(b)$T=1120℃$, $\dot{\varepsilon}=0.1s^{-1}$

图 3-21　模型计算值和实验值对比图

3.5.4　BP 神经网络模型

材料本构关系数学模型的建立是基于材料变形过程中各参数之间的数学关系，不管是应用最广泛的 Arrenius 型模型还是其他数学模型，它们的建模过程一般都较为复杂严格，不理想的实验数据以及处理数据中出现的微小偏差都会影响最后的模型精度，有些参数的确定需要反复计算，有时还需要进行补充实验。神经网络模型由于具有较好的非线性映射能力，在工程上得到广泛应用，文献 [25] ～ [27] 分别将神经网络模型应用于不同金属变形的本构关系建模中，取得了良好的效果。本书将采用 BP 神经网络模型，对电工钢热压缩过程本构关系进行建模。BP 神经网络是一种按误差逆推传播算法训练的多层前馈网络，是目前应用最为广泛的神经网络模型之一，由输入层、输出层和中间层（或隐含层）组成，如图 3-22 所示。

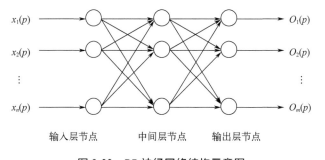

输入层节点　　　中间层节点　　　输出层节点

图 3-22　BP 神经网络结构示意图

对于本书研究的电工钢高温压缩过程的本构模型而言，流变应力 σ 主要受温

度 T、应变速率 $\dot{\varepsilon}$ 和应变 ε 三个因素的影响。因此，在建立神经网络模型时，输入参数分别为温度 T、应变速率 $\dot{\varepsilon}$ 和应变 ε，输出量为流变应力 σ。根据实验数据，可以将设定输入输出作为训练样本对，为了能使 BP 神经网络准确描述其内在规律，样本数据库应该足够大；但是样本达到一定数量之后，网络精度便很难提高，同时样本数据过多，会增加模型的训练时间，因此需要选择一定数量有代表性的样本集。本书在样本处理时，将实验数据中的应变从 0.05 到 0.8 每间隔 0.05 进行取值，所有温度和应变速率间隔取值，剩余数据作为测试样本。由于输入参数值差别很大，如输入温度范围可达数百摄氏度，输入的最大应变速率与最小应变速率相差达 200 倍，为了避免数据差别过大引起的数据湮没，这就需要对输入数据进行归一化处理。可将输入参数进行线性归一，表达如下：

$$A_i = 0.1 + 0.8 \times \left(\frac{A - A_{min}}{A_{max} - A_{min}} \right) \tag{3-36}$$

式中，A 为网络输入数据；A_{max} 和 A_{min} 分别表示该项参数的最大和最小值。BP 神经网络模型的隐含层个数以及各隐含层所含的节点数对模型的收敛速度和精度影响很大，但是目前没有可靠的理论指导以及解析式来表示，需要根据经验及实验来确定其具体数目。在目前对于 BP 神经网络的研究中，普遍认为具有单隐层的 BP 神经网络模型可以映射所有连续函数，隐含层过多，会使过于复杂的神经网络模型产生过拟合，泛化能力差。因此，本节首先使用单隐含层模型，若模型隐含层节点数太多，也不能满足精度，则可以适当增加一个隐含层。

隐含层节点数的选择非常重要，若隐含层的节点数太少，网络的学习能力不足，不能够准确描述训练样本中所要表达的规律，会造成预测误差很大；而隐含层节点数太多，会使网络收敛速度很慢，而且网络会受到其他规律的干扰，导致神经网络的泛化能力低，不能用于非训练样本的预测，同时节点数过多也可能引起网络过拟合。因此，存在一个最优的节点数，能使 BP 神经网络的预测更加准确。本节采用试凑法来选择 BP 神经网络单隐含层的最优节点数。无取向电工钢 BP 神经网络单隐含层均方误差及其对应的网络结构如表 3-10 所示。

表 3-10　BP 神经网络不同网络结构时的均方误差

网络结构	3-4-1	3-5-1	3-6-1	3-7-1	3-8-1	3-9-1	3-10-1
MSE	0.0018	0.0020	0.0013	0.0011	0.0028	0.0034	0.0023
网络结构	3-11-1	3-12-1	3-13-1	3-14-1	3-15-1	3-16-1	3-20-1
MSE	0.0042	0.0019	0.0014	0.0062	0.0028	0.0025	0.0035

由表中数据可得，当隐含层节点数为 7，即网络结构为 3-7-1 时，BP 神经网络测试样本数据集的均方误差最小，说明该网络结构下的 BP 神经网络的性能最

好。因此，本节选用的 BP 神经网络结构为 3-7-1。

模型中选用的训练函数选择为 trainlm，采用 L-M 算法，网络收敛时的迭代次数以及训练时间都相较其他算法少，其具有收敛速度快，能够避免局部极小值的优点。本次选用的学习函数为 leamgdm，网络精度设置为 0.0001，训练步数设置为 5000，学习率设置为 0.05，动量因子设置为 1。设定好 BP 神经网络模型参数之后，在 MATLAB 平台上训练网络，经 653 步训练之后，达到了网络精度设置的 0.0001，网络收敛，训练完毕。

如图 3-23 所示，通过对比模型计算值和实验值，发现该模型在计算电工钢不同温度和不同应变速率下的流变应力时精度较高，模型计算值和实验值总体较为吻合。但是由于模型训练样本涵盖了整个实验温度区间，由于电工钢在不同相变区间内的变形行为具有复杂性，该模型在计算某些温度处于高应变速率下的流变应力时与实验值存在一定的偏差。

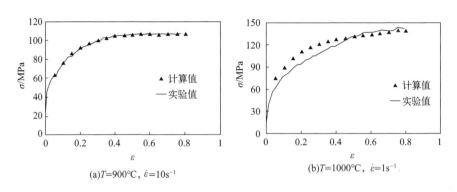

(a)$T=900℃$, $\dot{\varepsilon}=10s^{-1}$　　　　(b)$T=1000℃$, $\dot{\varepsilon}=1s^{-1}$

图 3-23　模型计算值和实验值对比图

3.5.5　模型对比与讨论

为了评价以上建立的模型的准确程度，并对其精度进行对比，采用相关系数 R 和平均相对误差 $AARE$ 来评价流变应力的模型计算值和实验值的偏离程度。相关系数 R 是用来反映模型计算值和实验值之间线性关系密切程度的统计指标。R 值最小为 -1，最大为 1，R 越大说明线性相关性越好。如果 R 值为 1，说明计算值和实验值具有一致的线性规律，但并不能说明计算值和实验值完全吻合，例如计算值均匀偏离（高于或低于）实验值，那么也会产生较高的相关系数。因此，需要配合使用平均相对误差来对模型的计算精度进行表征。平均相对误差 $AARE$ 可用来反映一组数据整体与另一组数据的吻合程度，如果 $AARE$ 为零，则表示两组数据吻合程度完全相同。相关系数 R 和平均相对误差 $AARE$ 可通过如下式子进行表达[24,29]：

$$R = \frac{\displaystyle\sum_{i=1}^{N}(E_i - \bar{E})(P_i - \bar{P})}{\sqrt{\displaystyle\sum_{i=1}^{N}(E_i - \bar{E})^2 \sum_{i=1}^{N}(P_i - \bar{P})^2}} \tag{3-37}$$

$$AARE(\%) = \frac{1}{N}\sum_{i=1}^{N}\left|\frac{E_i - P_i}{E_i}\right| \times 100\% \tag{3-38}$$

式中，E 为样本值（实验值）；P 为预测值（模型计算值）；所有样本值 E 和所有预测值 P 的平均值为 $\bar{E}$ 和 $\bar{P}$；N 为样本个数。利用相关系数 R 和平均相对误差 $AARE$ 即可清楚地获得模型计算的准确程度。

为了计算不同本构模型计算值和实验值之间的相关系数 R 和平均相对误差 $AARE$，每次随机抽取不同温度、应变和应变速率下不少于 150 个的数据点进行分析，分别得到了 3 种不同本构模型下的计算值和实验值，其数据分布如图 3-24 所示。

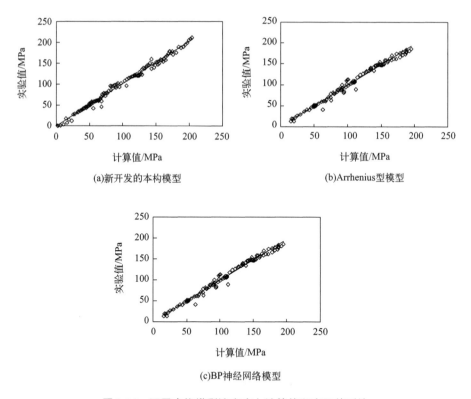

(a)新开发的本构模型

(b)Arrhenius型模型

(c)BP神经网络模型

图 3-24　不同本构模型流变应力计算值和实际值对比

通过计算相关系数 R 和平均相对误差 $AARE$，得到了 3 种模型的 R 值和 $AARE$ 值，如表 3-11 所示。从表 3-11 中可以看出，3 种本构模型的计算精度都比较高，其中本书中新开发的本构模型的精度最高，Arrhenius 型模型和神经网络模型的精度也满足精度需要。

表 3-11　三种模型 R 值和 $AARE$ 值对比

模型	新本构模型	Arrhenius 型模型	神经网络模型
R	0.989	0.986	0.981
$AARE$	4.79	5.18	7.20

通过对电工钢高温塑性变形过程中流变应力与各个变形参数之间规律的总结，本书开发了新的适用于电工钢热压缩过程的本构关系模型，这个模型的计算精度来源于建模过程中较高的曲线拟合相关系数。Arrhenius 型模型作为一种成熟且应用广泛的模型，在描述无取向电工钢高温压缩变形行为时仍然具有很好的实用性，这类模型考虑了材料变形过程的物理变化规律，采用包括变形激活能和温度的双曲线正弦形式的修正 Arrhenius 关系来描述热激活稳态变形行为，因此在电工钢本构模型的构造中也具有很好的实用性。神经网络模型是近年来应用较多的模型，因其具有较好的鲁棒性和容错能力以及复杂的非线性处理能力而得到广泛的应用。但是这些模型也都存在不足之处，例如我们新开发的本构模型在两相区建模时排除了相变点附近的温度，因此对于预测相变点附近的流变应力则不具有适用性；Arrhenius 型模型的建模过程稍复杂，尤其是在两相区建模时还需要考虑单相区的参数的综合作用，单相区模型参数的精度还会直接影响两相区模型精度；神经网络模型虽然具有很强的通用性，但模型本身不能揭示材料变形物理过程的规律性，并且由于整个温度范围内流变应力变化规律复杂，对整个温度范围进行神经网络建模则会影响模型精度，且样本点的选取也会影响到模型的准确性。

3.6　电工钢热轧过程中的变形抗力

本章通过热模拟实验测得了无取向电工钢在不同温度和应变率下的应力应变曲线，以热模拟实验数据为基础，基于不同理论建模方法建立了电工钢热压缩过程的本构关系模型。由于热模拟实验是电工钢式样处于单向压缩状态并在恒定温度下测得的，而现实轧制过程中带钢虽然以压缩状态为主，但其变形比单向压缩要复杂得多：由于轧辊与轧件之间摩擦力的作用，轧件大部分区域在轧制变形过程中处于三向应力状态；由于金属流动以轧制方向为主，带钢宽度方向几乎不发生金属流动；因此这种应力状态和单向压缩时的应力状态有一定差别。此外，热轧过程中由于轧辊冷却水和空气冷却的双重作用，带钢在轧制过程中的温度是不断降低的。冷却过程中特别是处于相变区时金属在某一温度下的流变应力，又与实验室在恒温下测得的流变应力不同。因此获得的热模拟实验数据和准确的材料本构关系模拟，并不能直接用于研究现场热轧过程中电工钢的变形行为和规律。本节的工作就是要通过将现场对轧件变形抗力的回归分析和材料本构模型计算结果相结合的方法，确定热轧过程中电工钢的流变力学行为。

3.6.1 轧制力计算模型和轧件变形抗力

带钢在热轧过程中，计算机控制系统会实时记录轧制过程中每一个时刻的轧制参数，如轧制力和轧制速度等。若部分轧制参数在上机时已知或已设定，如轧辊直径和压下量等，其他参数可通过计算获得。如要获得带钢在某一机架的应变速率，则可通过西姆斯应变速率公式计算求得[30-32]：

$$\dot{\varepsilon} = \frac{\pi N}{30} \times \sqrt{\frac{R}{H}} \times \frac{1}{\sqrt{\varepsilon}} \ln\left(\frac{1}{1-\varepsilon}\right) \tag{3-39}$$

$$\varepsilon = \ln\frac{H}{h} \tag{3-40}$$

式中，N 为轧辊转速，r/min；R 为工作辊半径，mm；H 和 h 分别为机架入口和出口厚度，mm；ε 为应变。

带钢与轧辊的接触弧长可以通过接触弧长公式求得：

$$l_c = \sqrt{R\Delta H - \frac{1}{4}\Delta H^2} \tag{3-41}$$

式中，压下量 $\Delta H = H - h$。

热轧中的应力状态影响系数的计算公式为：

$$Q_p = 0.8 + C\left(\sqrt{\frac{R}{H}} - 0.5\right) \tag{3-42}$$

$$C = \begin{cases} \dfrac{0.052}{\sqrt{r}} + 0.016, & \varepsilon \leqslant 0.15 \\ 0.2r + 0.12, & \varepsilon > 0.15 \end{cases} \tag{3-43}$$

式中，压下率 $r = \Delta H / H$。

通过上面的参数计算，可计算出轧制力：

$$P = Bl_c Q_p K_m \tag{3-44}$$

式中，B 为所轧带钢宽度，mm；K_m 为金属变形抗力，MPa。金属在热轧时的变形抗力为其处于单向拉伸应力状态时所受应力的 1.15 倍，与其处于单向压缩时所受的应力大体相当。热轧过程中的轧制力是实时记录下来的，在此我们仅取稳定轧制段的轧制力，然后通过上述公式获得不同机架位置的变形抗力。轧制无取向电工钢时控制系统实时记录的轧制力（仅以 F1～F3 为例）如图 3-25

所示。

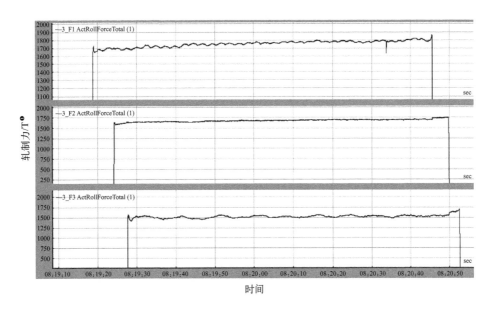

图 3-25　无取向电工钢热轧过程中实时轧制力

在获取带钢温度轧制阶段的平均轧制力之后，可以通过轧制力计算公式反算轧件在各个机架的变形抗力，通过计算得到如表 3-12 所示的结果。

表 3-12　精轧各机架轧件变形抗力　　　　　单位：MPa

F1	F2	F3	F4	F5	F6	F7
73.5	101.2	136.1	149.2	167.4	191.5	200.9

3.6.2　电工钢热轧过程流变应力计算

冷却速率不仅不会使相变温度降低，同时还会影响变形过程中的流变应力，提高低应变下的硬化水平[33]。但电工钢在热轧过程中的应力状态与实验室热压缩实验时试样的应力状态存在差异，并且电工钢在热轧过程中处于不断冷却过程中，各机架冷却速率各不相同，冷却相变点以及冷却过程中的流变应力和恒温状态下还有一定差异。为了得到电工钢热轧过程中的流变应力，我们假设热轧过程中某一温度下的组织与恒温平衡状态时在同一相区某一温度下的组织相似，并表现出类似的流变力学行为。这样，便可将热轧过程中某一温度 A 转换为热模

❶ 1T=10kN。

拟实验或本构模型中的温度 A^*。在某一冷却速率下，可通过如下公式进行转换：

$$A^* = \begin{cases} k_1(A - Ar_3) + A_3, & A > Ar_3 \\ k_2 \dfrac{A_3 - A_1}{Ar_3 - Ar_1}(A - Ar_1) + A_1, & Ar_1 < A < Ar_3 \\ k_3(A - Ar_1) + A_1, & A < Ar_1 \end{cases} \tag{3-45}$$

式中，k_1、k_2、k_3 分别为转换系数；A_3、A_1 分别为平衡状态下奥氏体和铁素体共存的最高温度和最低温度（临界相变温度）；Ar_3、Ar_1 分别为无取向电工钢高温奥氏体化后冷却时，开始析出铁素体的温度和完全转变为铁素体的温度（冷却相变温度）。通过以上换算把冷却中的温度转换为平衡状态下的温度，使式（3-46）成立。

$$\sigma_A = \sigma_{A^*} \tag{3-46}$$

这样便可求得转换系数 k 值，从而得到热轧过程在特定冷却速率下轧件的流变应力变化规律。这种方法的准确性可以通过对电工钢轧制过程的有限元模拟来进行验证。将材料模型应用到有限元模型中，设定同样的压下率、弯辊力等轧制参数，如果计算结果中获得的轧制力和实际工况下轧制力吻合，则说明该方法的正确性。

3.7 本章小结

本章的主要结论如下。

① 通过热膨胀实验测得了无取向电工钢不同冷却速率下的相变温度，高温无取向电工钢在冷却过程中发生奥氏体向铁素体的转变。冷却速率从 1℃/s 提高到 20℃/s，相变开始和结束温度均降低了约 60℃。结合实验结论，分析指出了电工钢在热轧过程中发生相变的位置主要是精轧 F2～F4 机架。

② 通过热模拟实验研究了无取向电工钢在不同温度、应变速率下的应力应变关系，发现了电工钢在较高温度和较低温度处于单相区时的流变应力随着温度的降低而升高，而在两相区则表现出相反的趋势。究其原因，主要是电工钢相变的发生影响了其力学行为。通过总结热压缩过程的变形规律，得出该无取向电工钢的相变温度区间为 875～975℃。

③ 根据热模拟实验数据，使用不同方法建立了描述电工钢高温压缩过程流变应力变化规律的本构关系模型。通过对电工钢高温塑性变形过程中流变应力与各个变形影响因素之间规律的总结，本书开发了新的适用于电工钢热压缩过程的本构关系模型。通过与建立的 Arrhemius 型模型和神经网络模型进行对比，发现本书开发的模型具有较高的计算精度。

④ 通过轧制力计算模型，计算了电工钢热轧过程各个机架的变形抗力，提出了一种热轧过程流变应力的计算方法。

4

轧制过程仿真模拟

随着计算机技术发展，有限单元法得到越来越多的重视，目前已经成为最重要的数值模拟方法之一。带钢的轧制是一个非常复杂的大位移大应变过程，轧制过程的分析不仅涉及材料的非线性，还涉及大位移引起的几何的非线性，而且板形控制手段丰富多样，这使得运用经典理论分析愈加困难。有限单元法在模拟带钢轧制过程中具有很大优势，它可以形象分析轧制过程中的变形、应力场和应变场等问题。随着有限元理论和技术的日益完善，有限元数值模拟越来越多地用于指导带钢生产并发挥着越来越重要的作用。

本章中的所有模型均基于 ANSYS 软件，采用参数化建模方式建立，其目的就是综合研究轧制工艺参数变化对带钢板形的影响。主要的轧制参数，如轧辊辊形、磨损、热凸度以及带钢的初始凸度、厚度、宽度和材料属性等因素，都以参数化的形式导入形成有限元模型，模型建立完成后加载文件中的压下量、弯辊力等轧制参数以及边界条件等也通过参数化的形式导入模型。一个仿真工况计算完成后需要导出所要研究的变形、应力或应变等数据，用于揭示电工钢热轧过程变形规律或验证新工艺方案的效果。

4.1 有限元模型的建立

数值仿真毕竟是有别于真实的轧制过程，因此在建模时需要进行必要的假设。合理的假设不仅不会影响计算结果的准确性，还会提高计算效率，缩短计算时间。在此，我们认为如下的假设是合理的，这些假设一般被认为不会对带钢板形、辊系变形等结果造成影响或影响甚微：一是忽略轧制扭矩及润滑情况的影响；二是认为轧辊的材质特性均相同，且均为匀质、各向同性的纯弹性材料；三是忽略轧制过程中变形热的影响。

4.1.1 三维辊系弹性有限元模型

如无特殊说明,本书中的有限元模型均使用大型商用有限元软件 ANSYS 建立。ANSYS 功能强大,是集多种物理过程分析功能于一体的大型通用有限元分析软件,目前已成为世界上流行的有限元分析软件之一。考虑到对称性以及计算效率,这里的辊系有限元模型只建立了辊系的 1/4 部分,后面的模型也是同样进行的简化。辊系有限元模型包括了工作辊和支承辊,在这个模型里并非没有考虑带钢对辊系变形的影响。带钢的作用可通过作用在工作辊上的均布或抛物线分布的轧制压力来代替,根据圣维南原理,这种处理方式对于计算工作辊和支承辊之间的接触压力分布以及支承辊的挠曲变形来说是准确的。在轧件材料属性未知或不指定机架位置的情况下,这一模型可以用来定性分析轧制力、弯辊力、窜辊量、辊形等轧制参数对有载辊缝凸度的影响规律。

以热连轧机精轧上游机架为例,模型中轧辊的几何尺寸如表 4-1 所示。三维辊系弹性有限元模型中工作辊和支承辊是完全弹性的,这符合带钢实际生产中轧辊不发生塑性变形的前提条件。为了提高计算精度,对模型在工作辊和支承辊的接触区域附近以及工作辊上与带钢接触的受载区进行了网格细化分。在接触区域采用二十节点六面体的 SOLID186 高阶单元,其他区域采用八节点六面体的 SOLID 185 单元。这两种单元均为三维实体单元,具有弹性、超弹性、塑性、大挠曲和大应变分析特性。SOLID186 是 SOLID185 的高阶单元版本。

工作辊和支承辊的接触设置为面面接触。由于扩展拉格朗日算法不容易引起病态条件,对接触刚度的灵敏度较小,因此该模型中的接触即采用这种算法[34,35]。在轧辊的对称面施加对称约束,为避免轧辊的轴向移动而在每个轧辊对称面中心点上施加轴向位移约束。在工作辊上与带钢接触的区域施加均布或抛物线载荷,同时在支承辊辊颈轴线上的中点也就是轴承座作用的位置施加竖直方向的位移约束。在工作辊辊径轴线的中点处施加弯辊力作用。加载完成后即可进行求解,每计算完成一个仿真工况,需要导出所要研究的压力或变形参数,如辊缝形状和轧制压力等。三维辊系弹性有限元模型如图 4-1 所示。

表 4-1　1580mm 宽带钢热连轧机精轧上游机架轧辊几何尺寸

参数类型	参数值
工作辊辊身,$D_W \times L_W$	$\Phi 820mm \times 1880mm$
工作辊辊颈,$D_N \times L_N$	$\Phi 480mm \times 610mm$
支承辊辊身,$D_B \times L_B$	$\Phi 1600mm \times 1550mm$
支承辊辊颈,$D_C \times L_C$	$\Phi 960mm \times 725mm$

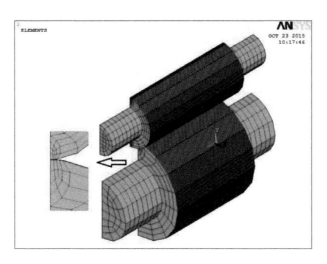

图 4-1 三维辊系弹性有限元模型（模型一）

4.1.2 辊件一体化弹塑性有限元模型

辊件一体化的有限元模型更为真实地反映了轧制生产实际。由于轧件的材料力学性能会因钢种、温度和轧制速度的变化而变化，因此为了分析特定钢种在特定机架下板形形成及变化规律，就必须全面考虑轧件材料力学属性及其对辊系变性的影响，这时就需要利用辊件一体化弹塑性有限元模型来进行研究。在辊件一体化模型中，由于轧辊在轧制过程中不发生屈服，因此轧辊仍被设置为弹性体，而轧件则根据所轧钢种及所在机架的轧制参数定义为弹塑性体。由于带钢在轧制过程中弹性变形极小，也可将轧件按刚塑性体进行简化处理。辊件一体化有限元模型充分考虑了轧辊过程中轧件材料属性对轧辊变形和板形变化的影响，对分析确定钢种和机架位置的带钢的板形变化规律具有重要作用。

辊件一体化模型的建模过程和上述辊系弹性模型的建模过程类似，但在边界条件处理上有所差别。在辊件一体化模型中，在轧辊和轧件的垂直对称面施加对称约束，上下辊系的对称面也就是图 4-2 中带钢的上表面同样施加对称约束。为避免模型轴向位移，支承辊、工作辊和带钢竖直对称面的中点均限制轴向位移。在加载时，支承辊辊颈施以竖直方向的位移约束（即压下量），使轧件产生变形，工作辊辊径根据仿真工况设计需要施加正弯辊力。一个仿真工况计算完成后，根据分析需要导出所需的应力、应变或变形参数。三维辊件一体化有限元模型如图 4-2 所示。

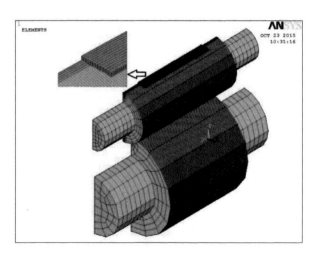

图 4-2   三维辊件一体化弹塑性有限元模型（模型二）

4.1.3　轧制过程显示动力学模型

对带钢轧制过程进行数值模拟，最理想的模型无疑是与实际轧制条件最接近的情况，即轧辊均为弹性体，带钢为弹塑性体，带钢的变形在轧辊的接触滚动过程中产生。因此，全辊系的三维弹塑性显式动力学有限元模型成为最接近实际轧制过程的数值仿真模型。这里的有限元模型的建立和计算通过 ANSYS/LS-DY-NA 进行。LS-DYNA 是目前国际上应用最广泛的显式动力学分析程序之一，它可以进行多种复杂工程问题的仿真，尤其在处理碰撞和金属成型等非线性动力学问题方面可以获得满意的分析结果[36]。

隐式静力学算法在计算时需要进行反复迭代运算，迭代收敛性和多种因素有关，在迭代收敛过程中耗费时间长，尤其对于复杂问题将导致计算效率降低。显式动力学算法采用显式积分法，不存在迭代和收敛的问题，并且可以通过质量缩放来缩短计算时间，在规模较大的模型计算中采用显式动力学算法的计算效率更高。需要指出的是，采用何种计算方法和计算效率的高低取决于实际的问题。用隐式算法求解大位移大转动的动力学问题往往存在收敛困难、效率低的问题，这时就需要采用显式算法。本章中静力学模型将轧制过程中的转动简化为压下，只要设置合理的边界条件，一般不会出现收敛困难和计算效率过低的问题。

考虑到计算效率以及轧辊和带钢尺寸差别，在建模过程中仍然在接触区进行网格的细划分，带钢整体则全面进行细网格划分。考虑到对称性，建立了 1/2 和 1/4 模型。计算表明，1/4 模型计算效率更高，在不考虑非对称因素的前提下计算结果和 1/2 模型差别很小。显式动力学模型中使用的单元类型有别于静力学分析，这里选用的实体单元类型为 SOLID164 单元。SOLID164 是八节点显式动力实体单元，每个节点拥有以下几个自由度：X、Y 和 Z 方向的平移、速度和加速度。

模型中约束和加载条件和实际轧制条件接近，首先给支承辊设定一定的压下量，约束支承辊几何中心在轴向的位移以及辊颈在轧制方向的位移；给工作辊设定一个轧制速度，带钢在摩擦力的带动下发生位移和变形，带钢对称面设置对称约束；设定计算终止时间，计算完成后取离入口稍远处的带钢变形和应力等所需要的参数进行后续分析研究。三维辊件一体化显示动力学模型如图 4-3 所示。

如果仿真工况中不涉及横向（轧辊轴向）非对称因素，如带钢跑偏、横向温差、不对称压下、不对称弯辊力等情况，采用 1/4 模型是可行的。当要考虑横向非对称因素时，则要使用 1/2 模型进行计算。

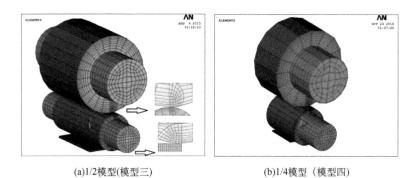

(a)1/2模型(模型三)　　　　　　　(b)1/4模型（模型四）

图 4-3　三维辊件一体化显示动力学模型

4.1.4　材料模型在有限元仿真中的实现

带钢热轧过程中各机架压下率一般不低于 10%，带钢在轧制过程中必然会发生塑性大变形。为使有限元计算更加准确，更接近现场生产实际，揭示电工钢热轧过程不同工况下板形特征、辊系变形特点、残余应力分布等规律，为电工钢精确成形提供理论参考依据，就必须在模型中采用较为真实的电工钢材料模型。本书第 3 章通过热模拟实验研究了电工钢高温压缩过程变形规律，并基于实验数据建立了电工钢本构关系模型。在带钢在轧制过程中，主要受力形式以压缩为主，通过压缩实验获得的变形抗力，由于摩擦力的影响，其应力状态为三向应力状态，因此通过压缩实验所得数据可以直接应用于轧制过程变形抗力的计算[32]。

ANSYS 提供强大的材料模型库，可以满足各种弹性、塑性、黏塑性、蠕变和各向异性材料的描述。对于塑性或弹塑性材料来说，ANSYS 提供多种材料强化模型，按照强化的方向性可以分为随动强化和等向强化。由于带钢轧制过程中不存在反向加载的情况，因此强化的方向性对计算结果没有影响。以下列出了几种有限元中常见的材料强化模型。对于应变较小或简单的计算分析，可以采用双线性强化模型，即两条直线分别代表材料变形的弹性段和塑性段，直线的斜率分别为材料弹性模量的切线模量。多线性强化模量是双线性模型的延伸，将材料塑性段用多条直线进行处理，线段次数越多越接近理想的情况。非线性强化模型与真实应力应变情况最为吻合，但大多数非线性强化模型在隐式计算过程中容易出现收敛速度慢、迭代次多的问题。而我们的有限元仿真实践表明，多线性强化模型在塑性段直线多于 5 条时，不仅能够达到较高的计算效率，而且能够获得和曲线形式强化模型一致的计算结果。图 4-4 为几种常用的弹塑性材料模型。

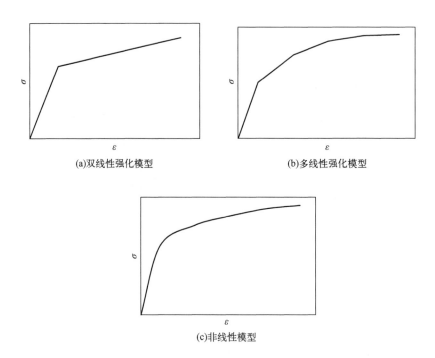

(a)双线性强化模型　　　　　　(b)多线性强化模型

(c)非线性模型

图 4-4　几种常用的弹塑性材料模型

4.1.5　仿真工况设计

模型建立后需要进行仿真工况设计，然后再进行有限元计算。仿真工况参照真实的轧制工艺参数进行设计。表 4-2 为无取向电工钢精轧各机架的主要生产工艺参数。仿真工况的设计参照实际轧制工况但不限于此，这主要是由于实际工况会随着轧制时间、轧制节奏等因素的变化而导致轧制工艺参数发生变化，为了提高可对比性以揭示电工钢热轧过程中变形形成的规律性等问题，可将仿真工况进行适当调整。由于轧制工艺参数中并没有带钢凸度数据，我们在现场使用超声波测厚仪通过测量废钢横截面尺寸的方式，获取了精轧上游阶段中间坯凸度，大致为 $50 \sim 400 \mu m$。表 4-3 为此处有限元仿真中使用的主要的仿真工况。

表 4-2　无取向电工钢精轧机架轧制工艺参数

参数类型	F1	F2	F3	F4	F5	F6	F7
压下率/%	24.15	36.36	32.37	41.82	35.37	27.3	18.4
出口厚度/mm	26.546	16.894	11.425	6.647	4.296	3.123	2.548
弯辊力/kN	538	529	473	486	514	403	342
工作辊凸度/μm	0	−50	−100	−300	−250	−200	−300
带钢温度/℃	944.7	907.1	889.6	873.9	868.3	865.3	862.6
变形速率/s^{-1}	4.29	10.44	16.95	47.6	89.57	126.47	143.65

表 4-3　有限元数值模拟仿真工况

参数类型	参数值
压下率/%	10, 20, 30, 40
弯辊力/kN	0, 400, 800, 1200
工作辊凸度/μm	0, −100, −200, −400
带钢厚度/mm	10, 20, 40
带钢宽度/mm	1020, 1280
入口带钢凸度/μm	100, 200, 400
变形速率/s^{-1}	1, 4, 10
轧制温度/℃	850, 900, 950

4.2　辊系变形与应力分布

4.2.1　工作辊弹性变形

轧辊及辊系在轧制载荷的作用下产生弹性变形，在热轧中工作辊还会产生热变形。在轧辊及辊系变形的作用下，轧件产生塑性变形。轧辊的变形尤其是工作辊辊缝形状的变化对于带钢的厚度控制和板形控制至关重要。随着液压 AGC 技术的出现和广泛应用，厚度控制技术已经是一项常规技术，厚度精度总体满足用户需求，而板形精度仍不能满足日益严苛的要求。因此，深入研究轧辊和轧件变形问题，也是提高板形质量的重要的研究方向之一。

辊系的弹性变形主要包括辊系的弹性压扁和弹性挠曲以及接触区的弹性变形[37]。世界上最早的轧机是二辊轧机，轧机中轧辊的变形很大，带钢的凸度也不好控制。为适应板形控制高精度的需要与工业发展的需求，多辊轧机出现并得到广泛应用。目前热轧以四辊轧机为主，在热轧粗轧阶段可能还会使用二辊轧机，冷轧以六辊轧机居多，有些厂采用二十辊森吉米尔轧机，也有其他多辊轧机应用在冷轧领域。图 4-5 所示为四辊轧机辊系受力变形示意图。轧辊的弹性变形对辊缝的形状影响很大，获取精确的辊系弹性变形也是提高板形质量的关键所在。

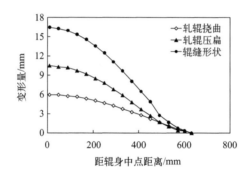

图 4-5　工作辊弹性挠曲、弹性压扁和辊缝形状对比

轧辊弹性挠曲和压扁可较为直观地反映出辊系弹性变形情况。轧辊挠曲可等效为轧辊轴线的挠曲，轧辊挠曲主要发生在轧制力作用的垂直平面内。由于与轧件接触区域轧辊的局部变形量较大，对轧辊的压扁计算如下：

$$d_b(x) = d_{wc}(x) - d_{we}(x) \tag{4-1}$$

式中，$d_b(x)$ 为工作辊压扁量；$d_{wc}(x)$ 为轧辊轴线各点位移量；$d_{we}(x)$ 为轧辊垂直面上一条母线上各点的位移量；x 为轧辊轴线方向的坐标，本书将坐标原点设在轧辊轴线上的中点。

图 4-5 所示为工作辊弹性挠曲、弹性压扁和辊缝形状的对比。为便于和辊缝形状进行对比，图中均为带钢长度范围内的轧辊弹性变形。一般情况下，轧辊挠曲是影响辊缝形状的最主要因素之一。虽然图中轧辊挠曲量小于弹性压扁量，但轧辊挠曲在辊缝凸度构成中仍然占据主导作用，为了验证这一事实，我们将单侧弯辊力为 800kN 时的工作辊弹性变形的情况在图 4-6 中进行了展示。对比无弯辊力作用的图 4-5 和有弯辊力作用的图 4-6，可以清晰地看到，轧辊压扁量并不会随着弯辊力的作用发生明显改变。事实表明，轧辊压扁的最大影响因素是轧制力

水平。弯辊力的作用使轧辊挠曲发生明显改变，从而使辊缝形状发生变形，以此达到控制带钢凸度的目的。

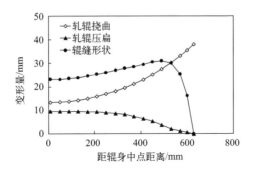

图 4-6　弯辊力对工作辊弹性变形的影响

4.2.2　支承辊弹性变形

支承辊的在辊系中的主要作用是防止轧制力作用下轧辊过度挠曲，增强辊系刚度和工作辊板形调节效果。如图 4-7 所示，为支承辊板形变形和工作辊辊缝形状的对比。可以看到，支承辊挠曲比工作辊要大，而支承辊挠曲直接决定工作辊挠曲量的大小。支承辊弹性压扁比工作辊稍大，这主要是因为支承辊半径大。在受到每侧弯辊力 800kN 作用时（图 4-8），支承辊的挠曲和压扁几乎不受弯辊力的影响，这就保证了工作辊弯辊力对辊缝凸度调节的有效性。事实上，支承辊的挠曲和压扁都取决于轧制力大小。轧制力越大，支承辊挠曲和压扁也会越大。

总体来看，工作辊的挠曲主要取决于两个因素：在没有弯辊力作用时，工作辊挠曲主要取决于支承辊；弯辊力可以显著改变工作辊的挠曲，进而改变辊缝形状。弯辊力对工作辊和支承辊压扁的作用效果不明显，弯辊力对支承辊挠曲的影响不大。因此，在辊系变形中，工作辊在弯辊力下的挠曲变形是最活跃的因素。

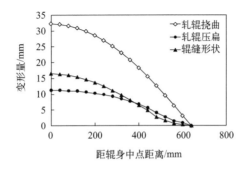

图 4-7　支承辊弹性挠曲、弹性压扁和辊缝形状对比

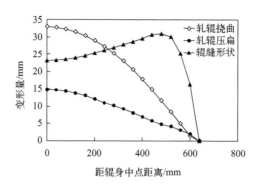

图 4-8　弯辊力对支承辊弹性变形的影响

4.2.3　轧制压力分布

　　轧制力通过轴承座作用于支承辊，支承辊通过辊间接触将压力传给工作辊，最后工作辊将其转化为轧件的变形。轧制力在带钢宽度方向（即横向）上的分布会直接影响带钢板廓形状和板形控制效果[38]。准确的轧制力横向分布也是进行板形控制理论解析和有限元简化计算的关键环节。图 4-9 列出了几种工况下轧制力横向分布结果。图中轧制力为轧制过程中带钢表面与辊系轴线所在的垂直对称面相交的一排横向节点上传递的压力。从图中可以看出，轧制压力分布整体呈现中部平坦两边降低的趋势。横向分布的轧制力的大小受总轧制力的影响，例如随着压下率和材料变形抗力的增大，所需的总的轧制力会增大，在横向轧制力分布上也会表现出同样的趋势。

　　轧制压力在距离带钢边部两侧 70mm 左右的区域出现凸起，轧制力边部凸起受弯辊力作用明显，弯辊力越大边部凸起越明显。此外压下率对边部轧制力凸起也有轻微影响，随着压下率增加，凸起幅度略有增大。之所以出现轧制力边部凸起现象，这主要是由带钢在变形过程中发生横向金属流动时在边部材料堆积引起的。轧制压力分布的这种中间平坦两边降低两侧凸起的趋势与文献［39］和文献［40］等计算和实验数据是吻合的，说明了本书中有限元模型计算结果的准确性。

　　除了关注轧制压力横向分布，本节还关注了轧制过程中带钢表面的接触应力的分布情况。轧制力横向分布是衡量带钢板形板廓的重要指标，而带钢与工作辊之间接触应力的分布不仅可以反映轧件的变形程度，也是进行工作辊接触疲劳分析的重要内容。工作辊与带钢之间的横向接触应力之所以能反映出轧件的变形程度，主要是因为接触应力并不像轧制力分布那样随着压下率的增大而升高，当轧件压下率大于 20% 时接触压力不再继续增大而是达到一恒定值。这一过程可以解释为：在轧制力（或压下）的作用下接触应力不断增大，接触应力达到一定程

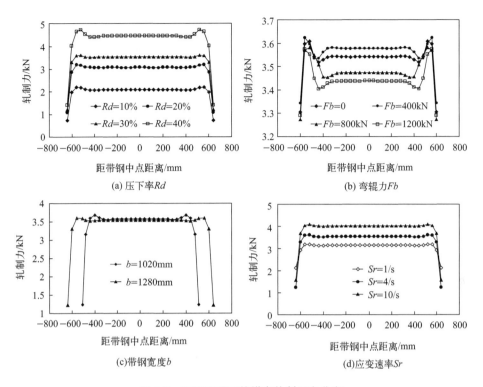

图 4-9　不同工况下的横向轧制压力分布

度时轧件开始产生塑性变形，当整个轧件完全产生塑性变形时，压下作用将全部转化为塑性变形，因此接触应力不再增加。接触应力的峰值与材料塑性指标有关，应变速率使材料的峰值应力升高，从图 4-10（b）可以看出（压下率均为40％），材料的峰值应力越高，轧件表面的接触应力的峰值也越大。

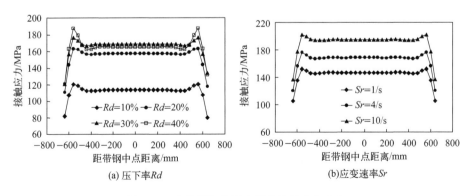

图 4-10　工作辊与带钢之间的接触应力分布

使用有限元方法求解纯弹性体的接触问题，接触应力一般随着外载荷的增大而增大，接触应力并不会出现峰值。弹塑性有限元分析结果中接触压力会在外载荷作用下出现峰值，达到这一峰值后不再随外载荷增加而增加。研究表明，弹塑性有限元方法获得的接触应力更符合实际[41,42]。

4.2.4 工作辊与带钢之间的接触压力分布

辊间接触应力与轧制力的横向分布之间存在着一定的联系[43]，辊间接触应力分布状态的改善可以一定程度上改善轧辊磨损，提高带钢板形质量[44]。辊间接触应力分布不均和过大的应力尖峰还被认为是引发支承辊剥落的主要原因，采取一定手段改善辊间压力分布，对于延缓轧辊疲劳和预防剥落具有重要的作用[45,46]。

影响辊间接触应力分布状态的因素主要有轧辊上机辊形、轧辊磨损和所轧带钢宽度等。轧制力（或压下率）主要影响辊间接触应力的总体幅值大小。图 4-11 所示为轧制宽度为 1280mm 带钢，压下率为 30%（轧制力在 17000kN 左右）时辊间接触应力的横向分布。由于该热连轧机支承辊采用平辊辊形，工作辊一般采用平辊或负凸度辊形，这造成了辊间接触应力在轧辊边部存在一定的尖峰。在第 5 章我们将会对辊间接触应力进行详细计算说明，本节不再赘述。

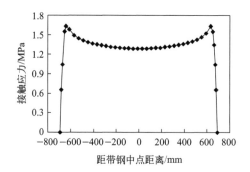

图 4-11　工作辊和支承辊之间辊间接触应力分布

4.3　轧件变形与内应力分布

4.3.1　带钢板廓变化规律

板形是带钢产品的核心质量指标，特别是对于电工钢来说，板形质量的要求更加严格。电工钢在热轧生产过程中具有压下量大、精轧出口厚度小、屈服应力高（相对商品材来说）的特点，这都给板形控制带来一定挑战[47]。轧制过程中板形控制主要是带钢横向凸度和纵向平坦度的控制，根据比例凸度控制原则，带钢产生的翘曲和波浪等平坦度缺陷也都是因带钢宽度方向的不均匀延伸导致的[48]。所以板形控制的理想目标是尽可能减小带钢横截面（横向板廓）厚度分布偏差[49]。在实际轧制生产中，由于辊形挠曲和轧件变形的复杂性，板廓形状不可能达到完全平坦，这时就需要对带钢进行合理的凸度控制。

带钢板形受很多轧制因素的影响。在带钢热轧过程中，工作辊弯辊是最主要的实时板形控制手段，其他控制手段大多都是提前设定的，如轧辊上机辊形、窜辊和负荷分配等轧制参数，都是在带钢进入轧机前已经调整好的，这些轧制因素，除了辊形会随轧辊磨损发生变化外，其他因素不变或变化的幅度很小。板形对很多轧制参数都比较敏感，图 4-12 所示为主要的轧制因素对带钢板廓形状的影响。

压下率的增加会引起轧制力的增大，从而增大轧辊挠曲，使带钢获得较大的凸度；弯辊力对带钢凸度的影响非常明显，当单侧弯辊力从 0 变化到 1200kN 时，带钢凸度由 $140\mu m$ 变为 $-20\mu m$；带钢出口凸度还会随着来料入口凸度的增加而增加，入口凸度从 0 增加到 $400\mu m$ 时，带钢凸度从 $100\mu m$ 增加到 $200\mu m$，虽然总体凸度有所增加，但带钢中部却变得更加平坦；对于该热连轧机来说，宽带钢可以获得较小的凸度，而较窄的带钢其中心凸度较大，出现这一差异主要是由变形抗力的作用位置引起轧辊挠曲改变造成的；在同样的压下率（此处为 30%）的前提下，厚度越大的带钢获得的带钢凸度越小，相反越薄的带钢在同样的压下率作用下凸度越大，因此随着厚度的减小，精轧后段机架应相应减小压下率；温度和变形速率会影响轧件的流变应力，流变应力较大的带钢在同样情况下获得的凸度也越大，这主要是因为变形抗力导致轧制力增大，继而引起较大的轧辊挠曲；轧辊辊形，特别是工作辊辊形对带钢板廓具有一定程度的"复印"作用，辊形对板形的影响最直接也最明显，从图 4-12（h）可以看出，工作辊辊形对带钢板形的复印效果非常明显。从这些影响带钢板形的因素可以看出，弯辊力和工作辊辊形的影响效果最大，因此根据实际的轧制工况条件，针对不同机架位置不同宽度、厚度、温度、入口凸度和轧制速度的带钢，选用合理的辊形，进行合适的压下率控制，并配合使用弯辊力，对于提高板形质量至关重要。

4.3.2 轧后带钢内应力分布

大多数的材料在加工过程中都会产生内应力，或称之为残余应力[50]。内应力的存在可能会改变材料的力学性能。在宽薄带钢生产中，内应力会引发浪形、拱背和折皱等缺陷[47,51]。带钢内应力主要是由轧制过程中带钢横向不均匀的塑性变形引起的。影响辊缝形状的因素都会造成带钢横向的不均匀变形，从而引起内应力。图 4-13 所示为带钢内应力在主要影响因素下变化的情况。

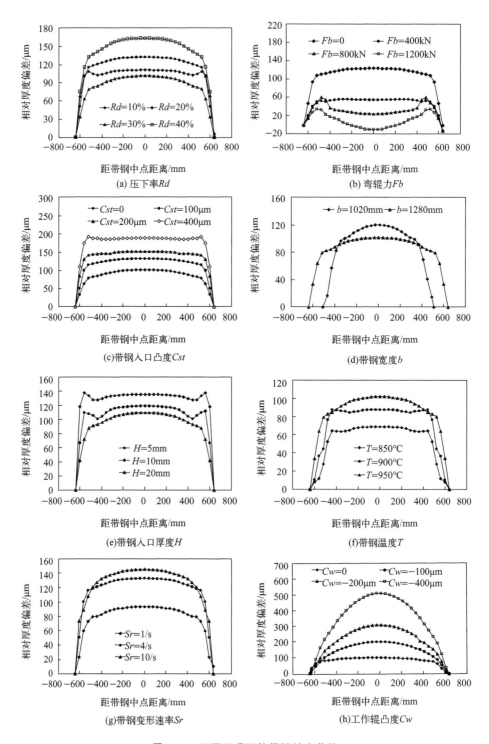

图 4-12　不同工况下的带钢轮廓曲线

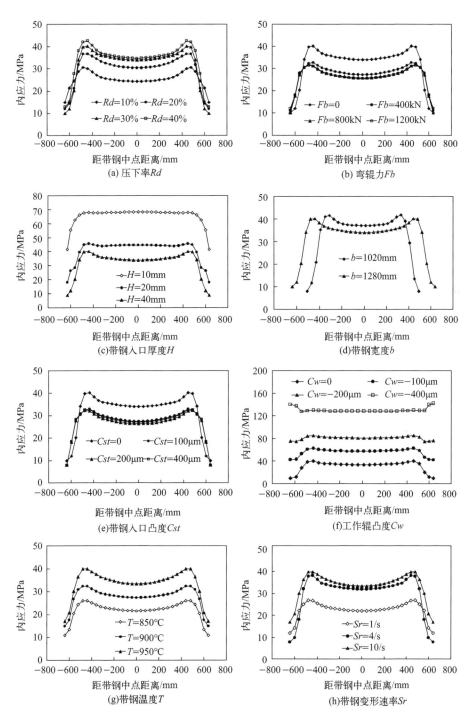

图 4-13　不同工况下的带钢内应力分布

带钢横向内应力随压下率的增加而增加，当压下率超过 30％时内应力随压下率增加幅度显著变小；弯辊力可以显著改变带钢凸度，也可以使内应力减小，弯辊力超过 800kN 时，内应力几乎不再随弯辊力的增加而变化；带钢厚度越小，获得的内应力越大；窄规格的带钢获得的内应力略大于宽规格带钢；带钢出口凸度会随入口凸度的增加而增加，中部却会随之变得相对平坦，这表现在内应力上为内应力出现随入口凸度减小的趋势，但是当入口凸度超过 200μm 时，内应力基本不再发生明显变化；内应力随工作辊负凸度的增大呈现出逐渐增大的趋势，且增幅明显，工作辊负凸度从 0 增大到 −400μm 时，带钢中部内应力值从约 40MPa 增加到 120MPa 以上；内应力还会随着电工钢流变峰值应力的增加而增大。总体来说，对内应力影响最大的两个因素是带钢厚度和工作辊辊形，其他因素虽然有影响，但影响幅度不大。

生产实践表明，轧制宽薄带钢容易出现浪形等平坦度缺陷。该热连轧机大量生产厚度规格为 2~3mm 的薄规格电工钢，精轧出口经常出现边浪和中间浪等问题。对于宽薄板来说，内应力是不可忽略的。图 4-14 所示为厚度为 3mm 的带钢在不同压下率下的内应力分布情况。从内应力计算结果中可以得出，精轧下游带钢厚度较薄时，应严格控制压下率和工作辊上机辊形以及在机磨损，以避免出现过大的内应力，引发带钢出现浪形等问题。

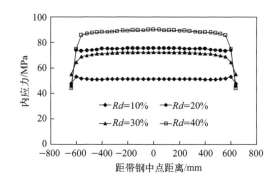

图 4-14　带钢厚度对内应力分布的影响

4.4　带钢横向组织不均匀性分析

带钢横向温度分布不均会引起带钢材料力学性能的差异，从而可能导致板廓形状、横向轧制力和内应力分布的改变。对于因横向温度分布不均引起的组织不均匀性，分别考虑电工钢中部处于两种典型温度下，边部组织处于两相区和铁素体区的不同情况，对比研究横向温差引起的板形和内应力的变化，可以更为真实地反映轧制状态，为轧制过程理论计算和实际生产提供更可靠的理论指导。

4.4.1 轧制过程的横向温度差

在现场使用红外热像仪对各个机架之间正在轧制过程中的无取向硅钢进行了温度测量，带钢横向温度测量结果如图 4-15 所示。从图中可以看出，带钢中部温度变化很小，几乎保持恒定温度，带钢边部产生较大温度下降。带钢边部产生的巨大温度下降主要是由于热像仪测量时包括带钢以外的部分，实际带钢边部的温度差并没有那么大。文献 [52，53] 等资料中通过对热轧带钢温度场的计算和测量，指出宽带钢热轧过程在距离边部 100mm 左右的范围内产生温度下降，横向温差为 53～80℃。根据我们在现场的测量结果，并结合他人的研究结论，在对带钢横向温度的处理中，将带钢中部温度设置为恒定不变，带钢边部 100mm 范围内的温差按照 50℃和 80℃分别进行计算。以其中一个仿真工况为例，带钢横向温度分布如图 4-16 所示。不同温度下的材料力学性能则通过热模拟实验和本构关系模型计算得出。

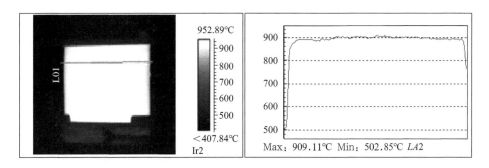

图 4-15 红外热像仪轧制现场拍摄的图片和测量的温度分布

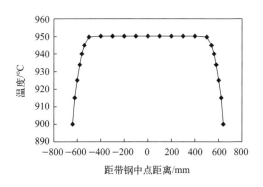

图 4-16 仿真工况中设定的带钢横向温度分布

4.4.2 横向温差对轧制压力和内应力分布的影响

由于电工钢进入精轧机架轧制时平均温度往往低于 950℃，边部冷却速率快导致带钢边部的温度更低，所以精轧过程中带钢边部组织不太可能处于奥氏体区。在此我们选取了两种典型的带钢中部温度 950℃ 和 970℃，并分别将边部 100mm 范围内和中部的横向温差设置为 50℃ 和 80℃ 进行计算，带钢压下率设定为 30%，入口带钢凸度设为 200μm。计算得到的轧制压力分布和轧后带钢内应力分布如图 4-17 和图 4-18 所示。

从图 4-17 和图 4-18 可以看出，虽然带钢横向温差引起了带钢材料属性的显著变化，但反映到轧制压力分布和轧后带钢内应力分布上的变化很小，甚至可以忽略不计。也就是说，带钢边部局部温度的降低对整体的轧制力和内应力的横向分布影响很小。

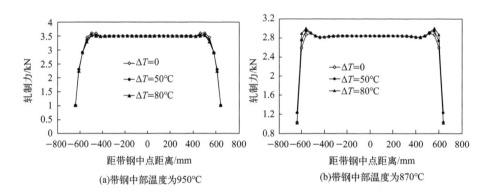

图 4-17 带钢中部温度分别为 950℃ 和 870℃ 不同横向温差时轧制压力分布

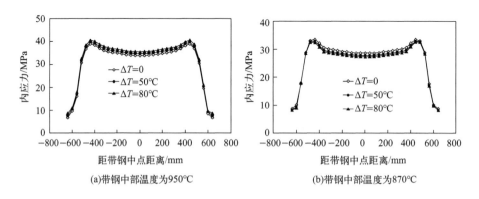

图 4-18 带钢中部温度分别为 950℃ 和 870℃ 不同横向温差时轧后带钢内应力分布

4.4.3 横向温差对板形的影响

板形是评价带钢质量最重要的指标之一。在精轧上游，带钢温度较高，带钢中部组织处于奥氏体区或两相区，带钢边部处于两相区时，根据电工钢热塑性变形规律，这时的横向温差会使带钢边部比中部更软。而当带钢进入精轧下游时，随着带钢温度的降低，带钢整体从两相区过渡到铁素体区，横向温差将会使带钢边部比中部更硬。图 4-19 列出了带钢中部处于不同温度，横向温差分布为 50℃ 和 80℃ 时的带钢横截面板廓形状的变化。从图中可以看出，带钢横向温差对板形的影响非常明显。当带钢边部比中部软时 [图 4-19（a）]，横向温差将导致带钢中部凸度增大，出现边部下降的区域也更大；当带钢边部比中部硬时 [图 4-19（b）]，横向温差将引起带钢边部翘起现象。根据热轧生产实际可以推断，在粗轧过程中由于带钢温度较高，带钢组织整体处于奥氏体区，粗轧过程容易引起边部翘起现象；当带钢进入精轧机架后，起初边部下降明显，随着轧制的进行，到了精轧下游边部下降趋势降低，转而有边部翘起的趋势。由此可见，在不同温度产生不同横向温差时，带钢造成的板形变化的趋势也不相同。

在热轧带钢生产过程中，带钢两侧部分散热快，其温度必然低于带钢中部的温度，轧制过程中带钢横向温度差的存在和变化必然引起板形的变化，这也增加了板形控制的难度。因此，对于带钢横向温差引起板形发生剧烈变化的问题，可从两个方面进行控制：一是采取措施降低横向温度差，如粗轧到精轧机架辊道保温罩和边部加热器的使用，都可以降低横向温度差；二是采取针对性的板形控制策略，包括辊形和控制模型优化，针对电工钢生产精轧阶段进行全流程辊形设计，并对控制模型进行优化，使控制系统实现对轧制过程的板形预测，从而进行合理的弯辊力控制。

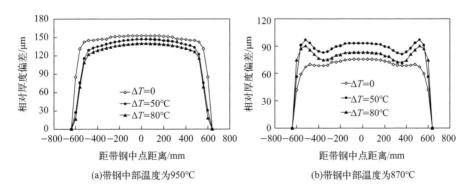

图 4-19　带钢中部温度分别为 950℃ 和 870℃ 不同横向温差时带钢横截面形状

4.5 本章小结

本章的主要结论如下。

① 为了研究轧制过程中辊形变形规律、板形形成规律和内应力变化规律，建立了弹性辊系有限元模型、弹塑性辊间一体化有限元仿真和显示动力学模型。模型中轧件的材料属性根据实际热模拟实验和本构关系模型确定，仿真工况考虑了主要的工艺参数进行设计。

② 在辊系变形中，支承辊承担了主要因轧制力而造成的挠曲，工作辊挠曲则受弯辊力的作用最大。无论是工作辊压扁还是支承辊压扁，主要受轧制力大小的影响，受弯辊力影响不大。有限元计算结果显示，轧件所受的轧制力横向分布和工作辊与轧件的接触应力分布呈现中间平坦两侧降低边部凸起的情况。

③ 带钢板形和内应力分布受多种轧制参数影响。有限元仿真分析了不同压下率、弯辊力、带钢宽度、带钢厚度、带钢凸度、带钢流变峰值应力和工作辊凸度下的横截面板廓和内应力变化规律。弯辊力和工作辊辊形对带钢板形的影响效果最大，较薄的带钢在大压下率作用下更容易产生较大的内应力。

5

轧辊磨损与剥落问题研究

轧辊磨损是影响带钢板形质量的重要因素之一，轧辊剥落则会严重影响带钢的稳定轧制，由于二者皆是在带钢轧制过程中逐渐产生的，因此均属于滚动接触问题。同时，研究表明[54-56]磨损和疲劳之间存在相互影响的联系，磨损和疲劳其中一个问题的改善或恶化将会促使另一个问题的改善或恶化。由于电工钢热连轧机服役条件恶劣，轧辊磨损和疲劳问题严重，因而需要对磨损和剥落原因进行分析，并研究磨损改善和剥落预防措施，为电工钢板形质量的提高和稳定生产提供保障。

轧辊磨损和疲劳剥落是引起轧辊失效的两种最主要形式。轧辊磨损，尤其是工作辊磨损会对带钢板形产生影响，冷轧工作辊磨损还会影响到带钢的表面形貌[57]。工作辊磨损是通过"复印"机理对带钢板形直接起作用的[58]，而支承辊磨损则通过改变辊间接触压力分布从而改变工作辊挠曲变形间接对板形发生作用，轧辊磨损还会改变弯辊力调控能力，在轴向窜辊时使变凸度工作辊板形调控能力降低，恶化接触压力分布，引起应力集中，并加速轧辊表面疲劳，甚至引发轧辊剥落事故的发生[59]。在很多情况下，磨损和剥落是并行发生并相互影响的[56]。如 Wang 等人[55]通过研究一种合金钢的接触疲劳和磨损特性，证明了好的耐磨性对于改善滚动接触疲劳有明显的效果。Martínez 等人[54]则指出，磨损是疲劳裂纹在小范围内反复扩展的结果，也就是说，疲劳的发生会致使磨损的加剧。Dong 等人[59]则通过数值模拟研究了轧辊磨损对接触压力分布的影响，指出轧辊磨损是引起应力集中的主要原因，长期存在的应力集中会加速疲劳裂纹的扩展并最终导致轧辊剥落的发生。

5.1　热连轧机轧辊磨损的研究

5.1.1　轧辊磨损概述

轧辊磨损是影响带钢板形质量的重要因素，同时与轧辊磨损"孪生"的轧辊疲劳是轧机稳定运行的最大威胁之一，不解决轧辊疲劳剥落问题，带钢板形质量的提高就无从谈起。因此研究轧辊磨损和剥落问题通常也是研究板形的学者所关注的热点问题，控制轧辊磨损和剥落对于提高带钢板形并保证轧机安全稳定运行至关重要。

（1）轧辊磨损形式

轧辊的磨损破坏了工作辊的初始辊形，恶化了辊面质量，给产品的质量控制带来了很大的困难。因此对轧辊磨损机理的系统分析，研究其磨损规律，对于控制轧件的几何精度、板形和表面质量，延长轧辊使用寿命等有着重要的意义。工作辊的磨损主要是由工作辊与轧件间以及工作辊与支承辊间相互摩擦引起的，这种相互摩擦包括滑动摩擦和滚动摩擦[60]。从摩擦学的角度来讲，材料磨损失效模式主要有疲劳磨损、腐蚀磨损、黏着磨损、磨粒磨损、微动磨损等几种。通过对轧制区摩擦学特点和轧辊工作环境的分析，可以看出轧辊磨损非常复杂，这几种磨损形式同时存在，交替作用[61]。

热轧工作辊磨损一般表现为典型的凹槽形（或称箱形）磨损特征，可能在局部出现"猫耳形"磨损特征。典型的常规凸度（非变凸度辊形）热轧工作辊磨损辊形图 5-1 所示。

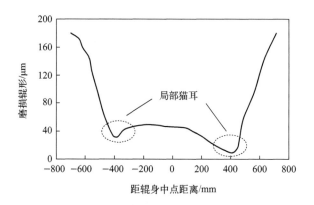

图 5-1　热轧工作辊的凹槽性磨损

（2）轧辊磨损预报模型

热轧生产中轧辊磨损的影响因素很多，大部分轧制工艺参数对轧辊磨损都会存在或多或少的影响，如轧制力、轧制速度、轧制公里数、带钢温度、带钢尺寸、活套张力、轧辊冷却、轧件材料属性、工作辊窜辊等。这些因素对磨损的作用机理复杂，目前尚不能通过磨损机理建立正确的轧辊磨损公式，只能通过数据回归的方法并结合磨损主要影响因素来导出半理论半经验的磨损模型。

邹家祥[62]用统计回归和高次多项式拟合的方法建立了轧辊磨损的经验模型，这种方法计算简单，但方法缺乏理论依据，不能正确反映出磨损量与影响因素间的精确关系，使用上具有局限性，且存在较大误差。后来国内外学者结合磨损的理论研究和轧辊磨损数据进行统计分析，何安瑞[63]、孔祥伟[64]、曹建国[65]、邵建[66]、Wang[67]等人对热轧中工作辊磨损进行了预报，他们使用的方法不尽相同，对特定轧机和条件下的工作辊磨损预测的精度具有一定的准确性。

（3）轧辊磨损的改善措施

轧辊磨损虽然在带钢生产过程中是不可避免的，但是可以通过一些方法来改善轧辊磨损程度或减轻轧辊不均匀磨损现象。根据对国内外的研究进展，总结出近年来关于轧辊磨损的控制方法的研究主要集中在以下五个方面：

一是高速钢轧辊的开发和应用，将在下一小节进行说明。

二是轧辊润滑技术的应用，采用热轧润滑技术，可使工作辊表面与轧件之间形成一层润滑油膜，减轻氧化铁皮对工作辊的磨损，从而提高了工作辊的服役周期，减少了工作辊的磨削量，并且还改善了带钢的表面质量。

三是在线磨辊 ORG 技术（on-line roll grinder）的应用，该技术通过安装在轧机上的磨削装置对轧辊进行磨削修复，无需从轧机拆下再进行磨削，不仅提高了生产效率，还改善了带钢的板形质量和表面质量[68]。四是工作辊窜辊策略的改进，合理的窜辊策略可以充分发挥工作辊辊身长度，起到使轧辊均匀磨损的效果[69-71]。

五是轧辊辊形的优化，辊形技术多是为调节板形而开发应用的，特殊设计的辊形也可以通过优化接触压力分布以及自补偿功能实现磨损的改善，如李洪波等人[72]通过分析指出 CVC 工作辊的不对称性引起的接触压力的不对称性，是引起支承辊无法均匀磨损的重要原因，通过优化的支承辊辊形可以起到改善磨损的作用。陈先霖[73]、曹建国等人[74]通过设计特殊的非对称自补偿工作辊辊形也可以改善轧辊的不均匀磨损。

（4）高速钢轧辊的应用

为满足生产需要和提高轧材质量，适应越来越严格苛刻的轧制工作条件，市场对轧辊的力学性能，如耐磨性、硬度、断裂韧性和热疲劳等性能的要求不断提高。高速钢轧辊就是由此而生的一种新型轧辊。20 世纪 80 年代末，高速钢轧辊首先应用到了带钢轧机中，我国近年来在生产中已推广到实际应用并取得了良好的效果。与早期使用的高铬铸铁轧辊和无限冷硬铸铁轧辊相比，高速钢轧辊的耐磨性和表面抗粗糙能力好，使用寿命长，明显改善了轧材的质量，大大提高了生产能力[75]。高速钢轧辊已经证明具有优良的耐磨性能，高速钢轧辊服役单位是高铬铁的 3～7 倍，磨损量相当甚至比高铬铁轧辊更小，因此高速钢轧辊可在很大程度上节约换辊时间，提高生产效率。Li 等人[76]在实验室设计了测量高速钢轧辊轧制过程中热磨损的方法，发现载荷比滑动对磨损的影响更大。Zhu[77]、Nilsson[78]等人通过微观组织观察和磨损实验研究了高速钢轧辊材料的摩擦磨损性能，揭示了高速钢具有优良耐磨性的原因。

5.1.2 轧辊磨损变化规律

热连轧机轧辊的服役条件恶劣，磨损过程复杂。磨损可分为磨粒磨损、疲劳磨损、黏着磨损、化学磨损等多种类型[79]。这些不同类型的磨损都出现在轧辊磨损的过程中。轧辊和带钢表面的硬凸体、氧化铁皮对与其接触的辊面产生切削作用，形成磨粒磨损。轧辊表面在轧制过程中承受周期性的加载和卸载以及热冲击的循环作用，辊面将逐渐产生接触疲劳，引发疲劳磨损。轧件在轧辊的作用下发生变形，工作辊和轧件在接触面局部发生金属黏着，在随后相对滑动中黏着处可能被破坏，形成黏着磨损。此外，高温带钢和与其接触的工作辊在轧制过程中会发生氧化，工作辊表面氧化膜会随轧制的进行发生脱落，造成化学磨损。由此可见，轧辊特别是工作辊的磨损过程和机理是非常复杂的。

由于轧制工艺、轧制长度、轧辊直径等因素的差别，不同机架位置的轧辊体现出不同的磨损特征。此外，由于钢种之间会有轧制温度以及硬度等方面的差异，生产不同钢种时轧辊也表现出不同的磨损辊形。为了总结该轧机轧辊的磨损规律，我们在现场进行了大量的轧辊磨损测试工作，同时使用"马鞍架"式辊形测量仪和高精度轧辊磨床（测量精度均为 $1\mu m$），跟踪了 40 多个不同钢种的轧制单位，共对 32 支轧辊进行了 100 余次磨损辊形测量。测试数据与分析结果如下。

(1) 不同机架位置工作辊下机磨损与分析

粗轧 R1 轧机由于主要承担厚度控制任务，其工作辊磨损对板形影响可忽略。R2 机架工作辊上机辊形为平辊，在机服役周期为 3～4d，大量的实测数据反应了粗轧 R2 工作辊的下机磨损特点为：粗轧 R2 工作辊中部磨损量大，最小磨损量 1mm，最大可达 1.8mm；工作辊磨损总体呈现箱形（或称为"U"形），箱底部宽度为 850mm 左右，箱口部宽度为 1200mm，两者比值为 75%，这种形状与带钢轧制宽度和轧制单位编排有很大的关系。上下工作辊磨损差别不明显，一般下工作辊磨损比上工作辊稍微严重。粗轧 R2 机架工作辊磨损如图 5-2（a）所示。

精轧工作辊上机采用负凸度辊形，凸度范围在 -0.05mm 到 -0.40mm 之间，辊身长度为1880mm，服役周期为3h左右，即轧制1～2个单位进行换辊。通过对大量上机前和下机后精轧工作辊的测量辊形进行比较，发现精轧上游工作辊磨损量较小，平均磨损量在0.1mm，磨损辊形多呈无规律不规则磨损，总体来说，中部磨损稍严重，两边磨损相对较轻，同一机架下工作辊比上工作辊磨损严重，偶尔出现不太明显的"猫耳形"磨损特征。精轧下游工作辊直径（575～650mm）较上游机架工作辊直径（735～825mm）小，且下游带钢厚度较薄，带钢速度较高，工作辊转速较大，下游工作辊转速一般是上游的1.7倍以上，而服役周期却相同，导致下游工作辊的磨损量明显比上游严重，磨损量多在0.4～0.6mm之间，并多呈现箱形磨损特征。以下为典型的精轧下游机架工作辊磨损辊形。

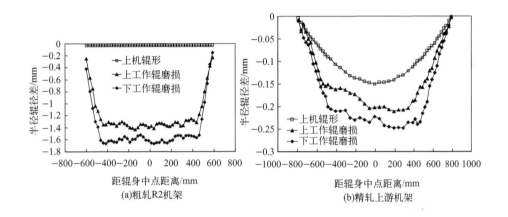

(a)粗轧R2机架 　(b)精轧上游机架

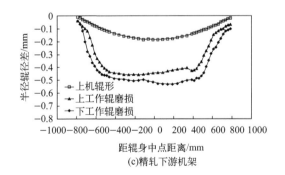

(c)精轧下游机架

图5-2　不同机架位置工作辊下机磨损对比

(2) 轧制不同钢种时工作辊下机磨损与分析

不同钢种的带钢存在材料属性的差异，也有轧制工艺的区别。一般来说，无取向硅钢材质比普钢相对较硬，同样轧制工况下的变形抗力较高，摩擦系数也略大，轧制力略大。取向硅钢由于具有对磁性控制的特殊要求，轧制温度高于无取向硅钢和普钢，轧辊在高温情况下产生的热磨损也相对较大。图 5-3 以精轧上游 F1 机架和精轧下游 F4 机架为例分别对比了现场轧制普钢、无取向硅钢和取向硅钢时，上工作辊的磨损情况。从图中可以看出，轧制普钢时工作辊在 F1 机架相对较轻，轧制无取向硅钢时工作辊出现较为明显的磨损，轧制高温取向硅钢时工作辊出现严重磨损情况。精轧下游机架工作辊在轧制所有规格带钢时均出现严重磨损，轧制硅钢时的磨损稍大。

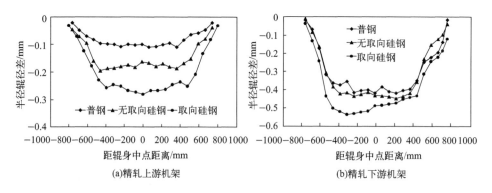

图 5-3　分别轧制无取向硅钢、高温取向硅钢和普钢时工作辊磨损对比

(3) 支承辊磨损与分析

1580 热连轧机支承辊辊身长度为 1550mm，直径为 1600mm。粗轧 R2、精轧 F1～F7 所有机架的支承辊通用。支承辊上机辊形采用平辊，边部倒角处理，粗轧 R2 机架支承辊倒角为 200mm×2mm（200mm 长，2mm 深），精轧机架支承辊倒角为 150mm×1.5mm 的倒角。支承辊在机服役时间长，一般为 21～28d，F7 机架为 15d 左右。现场各机架支承辊普遍存在严重不均匀磨损，典型的支承辊磨损如图 5-4 所示。支承辊的严重不均匀磨损会造成其辊形自保持性较差。辊形自保持性参数 R_{tc} 定义为[80]：

$$R_{tc} = 1 - \frac{1000A}{L_b} \tag{5-1}$$

式中，A 为支承辊磨损辊形与上机辊形的偏差，mm；L_b 为支承辊辊身长度，mm。

通过统计该热连轧机 16 支支承辊 64 次下机磨损数据，得到了各机架上下支承辊平均自保持性参数如图 5-5 所示。从图中可以看出，除了服役周期短轧制负荷小的 F7 机架外，其他机架支承辊的自保持性普遍较差。支承辊自保持性差不仅会增加磨削量，使辊耗升高，增加生产成本，而且会改变辊间压力分布，直接影响轧辊的疲劳性能，间接影响带钢的板形质量。

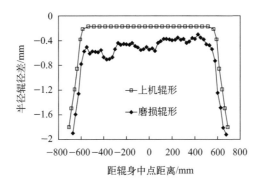

图 5-4　支承辊上机辊形和典型磨损辊形

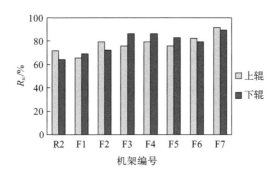

图 5-5　粗轧 R2 和精轧 F1～F7 全部机架支承辊自保持性

5.1.3　轧辊磨损特征分析

电工钢热连轧机轧辊磨损具有区别于其他同类轧机的特点，同时该轧机自粗轧到精轧轧辊也有自己的磨损特征和规律。在此，将从两个方面分析电工钢热连轧机磨损的特征。

由于电工钢材料本身的特殊性和轧制工艺的差异，电工钢热连轧机轧辊的磨损与其他同类轧机存在明显差异。表 5-1 对比了电工钢热连轧机和其他厂同类七机架四辊热连轧机在轧辊磨损和主要服役条件上的差别。从表中可以看出，电工钢热连轧机各机架轧辊的服役磨损比同类轧机严重，尤其以粗轧 R2 和精轧下游表现较为明显。从表中列出的服役条件的差别可以得出，出现这一现象的原因主要是：一方面电工钢热连轧机轧辊服役时间长，也就是服役周期内轧制单位多（一个轧制单位内带钢块数一般为 60～80）；另一方面轧制单位内带钢宽度变化小，造成轧辊辊身长度没有充分发挥，容易造成辊身中部出现凹槽性磨损特征。

同宽轧制是该轧机的一个显著特点。同宽轧制是轧制单位内所轧带钢分布在同一宽度或较小宽度范围内的现象。同宽轧制主要受订单和下工序生产需要的限制的影响。通过统计 2014 年全年该轧机生产的超过 13 万块带钢宽度分布，绘制了如图 5-6 所示带钢宽度分布图。从图中可以看出，在宽度 1000～1100mm 和 1200～1300mm 内的带钢占全年带钢总量的近 90%，900～1000mm 和 1100～1200mm 这两个宽度范围带钢较少，约占总量的 10%；900mm 以下及 1300mm 以上极少，占比不到 1%，因此未在图中标出。在轧制总数最多的两个宽度范围内又以 1080mm 和 1280mm 宽度规格的居多，例如所有热轧取向硅钢的宽度均为 1080mm，无取向硅钢轧制最多的两个宽度是 1280mm 和 1080mm。同宽轧制造成了工作辊辊身长度没有充分发挥，工作辊长期与同一宽度带钢接触摩擦造成工作辊中部磨损严重，出现严重的箱形磨损特征。另外，工作辊的严重磨损还加剧了与其接触的支承辊的磨损，造成支承辊不均匀磨损，自保持性差。

表 5-1　电工钢热连轧机和同类普钢热连轧机轧辊服役状况和宽度变化量

轧辊机架	项目	该轧机	某 2250	某 1580
R2 工作辊	轧制单位	24～30	20～24	10～15
	磨损量/mm	1.5～2.4	0.8～1.2	0.6～1.0
精轧上游工作辊	轧制单位	1～2	1～2	2～3
	磨损量/mm	0.1～0.3	0.1～0.2	0.2～0.4
精轧下游工作辊	轧制单位	1～2	1～2	1～3
	磨损量/mm	0.4～0.7	0.3～0.5	0.4～0.5
支承辊	轧制单位	160～200	160～200	150～180
	磨损量/mm	0.5～0.8	0.4～0.6	0.3～0.5
轧制单位内带钢宽度变化量/mm		300	800	500

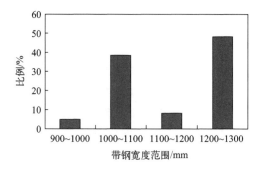

图 5-6　带钢宽度分布统计结果

电工钢热连轧机以粗轧 R2 工作辊和精轧下游工作辊磨损最为突出。粗轧 R2 工作辊的严重磨损除了与轧辊服役时间长有关外，还受到多轧制道次的影响。由于电工钢在粗轧 R2 机架多为 5 或 7 道次往复轧制（如表 5-2 所示），明显多于同类轧机或普钢单位 3 道次轧制。此外，热轧电工钢各道次压下率高，轧制力大，这也是造成严重磨损的原因。根据磨损公式，相互接触物体的磨损量与接触载荷和滚动及滑动距离成正比[79]。因此，在热连轧机生产工艺参数中，轧制压力、轧制道次和轧制公里数是影响轧辊磨损量的主要因素。从这个角度也就解释了精轧下游工作辊严重磨损的原因。精轧下游工作辊直径小，带钢厚度薄使得轧制长度更大。根据轧制过程中体积不变原理，计算得出了分别轧制两种典型宽度规格无取向电工钢时各机架的轧制长度以及工作辊转数，如表 5-3 所示。可以看出，从精轧 F1 机架到 F7 机架，轧制长度提高了 9 倍以上，工作辊转数提高了 12 倍以上。F7 机架工作辊磨损量之所以没有升高那么多倍主要是因为轧制力在精轧下游降低，F7 机架的轧制力不足 F1 机架的 1/2。

表 5-2　粗轧道次轧制参数

参数	道次				
	1	2	3	4	5
压下量/mm	31.2	29.8	24.92	19.92	15.46
出口厚度/mm	125.1	95.3	70.4	50.5	35.0
压下率/%	19.96	23.82	26.15	28.30	30.64
轧制力/kN	21390	24030	23670	23780	23480

表 5-3　轧制两种典型规格带钢时各机架轧制长度和工作辊转数

带钢规格	参数	机架号						
		F1	F2	F3	F4	F5	F6	F7
1020mm	轧制长度/m	91.4	143.6	212.3	365.0	564.7	776.8	952.1
	工作辊转数	35.3	55.4	81.9	178.7	276.5	380.4	466.2
1280mm	轧制长度/m	87.9	138.1	204.3	351.1	543.2	747.3	915.9
	工作辊转数	33.9	53.3	78.8	171.9	266.0	365.9	448.5

5.1.4　同宽轧制工作辊磨损模型

工作辊磨损是板带热轧过程中影响板形控制的重要因素之一，而电工钢由于硬度大、轧制温度高，会使得工作辊磨损更为剧烈，不仅恶化了带钢的板形质量，而且降低了轧机的板形控制性能。因此，磨损辊形的计算成为电工钢热轧板形控制的重要组成部分，对轧制过程中的磨损辊形进行准确预报对板形控制有着直接的重要意义。

由于热连轧机复杂恶劣的服役环境，工作辊磨损机理复杂，影响因素繁多，因此很难通过理论方法计算工作辊在特点服役周期后的磨损情况，这就需要通过理论和现场测量相结合的方法来进行轧辊磨损的计算，这种半理论半经验的方法也是工程中常用的方法。

工作辊的磨损产生于轧制每一块带钢的过程之中，如图 5-7 所示为工作辊轧制一块带钢后磨损形式示意图[81]。图中 0~7 的数字是根据工作辊的磨损特点将工作辊磨损分割成的不同区域，不同区域采用不同的曲线形式进行描述。

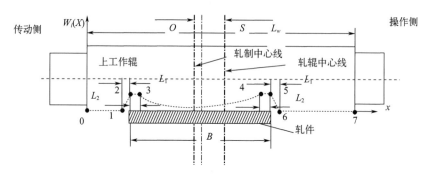

图 5-7　轧辊磨损示意图

如果认为在轧第 i 块钢，则工作辊磨损量表示为：

$$W(x)_{ij} = k_0 L_z \left(\frac{F_R}{BL_D} \right)^{k_1} [1 + k_2 f(x)] \frac{L_D}{D_W} \tag{5-2}$$

式中，k_0 为综合影响系数，与带钢材质、工作辊材质、带钢温度等有关；L_z 为轧制长度，m；F_R 为轧制压力，kN；k_1 为轧制压力影响系数；L_D 为接触弧长，mm；D_W 为工作辊直径，mm；k_2 为带钢宽度范围内不均匀磨损系数。

$f(x)$ 表示工作辊辊身不同位置处的磨损，可以表示为：

$$f(x) = \begin{cases} 0, & x \in (0, \ x_1) \\ (x-a)(a_0 + a_2 + a_4), & x \in (x_1, \ x_2) \\ a_0 + a_2 + a_4, & x \in (x_2, \ x_3) \\ a_0 + a_2 \left(\frac{x-b}{0.5B} - 1 \right)^2 + a_4 \left(\frac{x-b}{0.5B} - 1 \right)^4, & x \in (x_3, \ x_4) \\ a_0 + a_2 + a_4, & x \in (x_4, \ x_5) \\ (c-x)(a_0 + a_2 + a_4), & x \in (x_5, \ x_6) \\ 0, & x \in (x_6, \ x_7) \end{cases} \tag{5-3}$$

式中，a_0、a_2、a_4 为多项式系数；B 为带钢宽度，mm；x 为工作辊轴向坐标。由图 5-7 中工作辊分段后长度上的几何关系可得：

$$\begin{cases} x_1 = L_W - S - \dfrac{B}{2} - L_1 + O \\ x_2 = x_1 + L_1 \\ x_3 = x_2 + L_1 + L_2 \\ x_4 = x_2 + B - L_2 \\ x_5 = x_2 + B \\ x_6 = x_2 + B + L_1 \\ x_7 = L_W \end{cases} \tag{5-4}$$

式中，L_1 为工作辊与带钢接触磨损区域两侧的锥形部分长度，一般取 $10 \sim 30$mm 左右；L_2 为般取 10mm 左右；L_W 为工作辊辊身长度，mm；S 为工作辊轴向窜动量，mm；O 为带钢的跑偏量，mm；

在一个单位内轧制 n_w 带钢后，工作辊的轴向第 j 点磨损的计算值 C_{wj} 为：

$$C_{wj} = \sum_{i=1}^{n_w} W(x)_{ij} \tag{5-5}$$

工作辊的磨损模型采用的是半经验半理论的方式，此种情况下，模型中参数的确定对于模型的准确性至关重要。

模型中的参数是模型是否准确的关键。在工艺条件确定的情况下，模型中参数的取值范围存在一个确定的区间，但不能得到每个参数确定值。因此，寻找对所求解的问题要求不高、适应性很强的全局寻优方法是磨损模型精确计算的前提。在这种情况下，对于需要目标函数梯度信息的确定性优化方法，如梯度法、牛顿法、变尺度法等，优化过程可能不能进行，更为重要的是以上所述的几种优化方法都是局部寻优求解方法，当磨损模型处于多维参数空间、多峰值的情况时，上述方法可能得不到全局最优解。与其相比，非确定性算法的优点在于它有更多的机会求得全局最优解，特别是近来被广泛使用的遗传算法，可以较好地来解决磨损模型中参数优化问题。

为了得到模型中的具体参数，选用该热连轧机轧制无取向电工钢时的轧制数据进行研究，对此单位进行优化仿真计算，通过此单位实际轧制参数确定模型中综合影响系数 k_0、单位轧制压力影响系数 k_1、带钢宽度范围内不均匀磨损系数 k_2 以及多项式系数 a_0、a_2、a_4 等 6 个参数为待确定对象，L_1、L_2 取 25mm，工作辊最大窜辊位置为 ± 100mm，窜辊步长 11mm。由于精轧下游工作辊磨损比上游严重得多，且下游工作辊辊形对带钢出口板形质量的影响也比较大，在此仅以 F4 机架进行说明。通过使用 MATLAB 遗传算法工具箱进行迭代计算，得到如表 5-4 所示的工作辊磨损模型中的各个参数值。

表 5-4　精轧下游机架工作辊磨损模型参数

参数	k_0	k_1	k_2	a_0	a_2	a_4
值	0.518	0.304	0.498	219.63	8.33	-103.74

为了验证模型是否准确，对新的服役周期下机的工作辊磨损实测辊形和该服役周期工艺条件下采用此模型计算的磨损值进行对比，如图 5-8 所示。可以看出，通过遗传算法进行同宽轧制条件下工作辊的磨损预报有很高的精度，可用于指导实际生产。

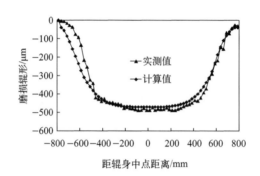

图 5-8　工作辊磨损模型计算结果和实测磨损辊形对比

5.1.5　轧辊磨损对板形的影响

轧辊磨损改变了初始上机辊形，从而会改变轧辊对板形的调控能力。工作辊磨损对板形的影响最直接，影响程度最大。支承辊磨损通过改变支承辊与工作辊之间的压力分布，从而改变辊缝并间接影响带钢板形。下面将分别分析粗轧工作辊、精轧上游工作辊和精轧下游工作辊在典型磨损情况下，辊缝凸度的变化情况。最后将以精轧上游机架为例，分析支承辊磨损对板形的影响。计算采用的是第 4 章的三维辊系弹性模型。

(1) 粗轧工作辊磨损对板形的影响

由于粗轧机架的任务主要是厚度控制，粗轧工作辊没有装配弯辊系统，因此粗轧工作辊辊形的改变将直接引起带钢凸度的变化。随着轧制的进行，工作辊在不同的服役阶段轧辊磨损程度也不一样。现场可以得到工作辊下机后的大量磨损辊形，为不影响现场正常生产，在此将轧辊正常下机后的磨损量取其二分之一作为工作辊服役中期的磨损，分别用不同的磨损辊形参数下生成的有限元模型，计算不同单位轧制力和不同带钢宽度下的辊缝凸度，得到图 5-9。以生产量最大的 1280mm 宽度的带钢为例，图 5-9（a）所示为不同轧制力下，工作辊处于不同服役期时的辊缝凸度变化情况。从图中可以看出，工作辊磨损对辊缝凸度的影响很大，随着工作辊磨损加剧，辊缝凸度也随之急剧增大。工作辊服役后期严重磨损情况下的辊缝凸度与工作辊服役初期相比最小增幅为 69%，最大增幅为 161%。另外，图中可以明显看出，辊缝凸度随着轧制力的增大而线性增大。由于轧制过程中不可避免地会发生轧制力的波动，图 5-9（a）中直线斜率的倒数就反映了辊缝抵御轧制力波动变化的能力，即辊缝刚度，辊缝刚度 K 定义为：

$$K = \frac{\Delta P}{\Delta C_W} \tag{5-6}$$

式中，ΔC_W 为辊缝凸度的变化量；ΔP 为轧制力变化量。通过计算得出粗轧 R2 机架在轧制宽度为 1280mm 带钢时辊缝刚度为 196.1kN/μm，工作辊磨损对辊缝刚度的影响很小，在工作辊不同磨损情况下，辊缝抵御轧制力波动的能力差别不大。

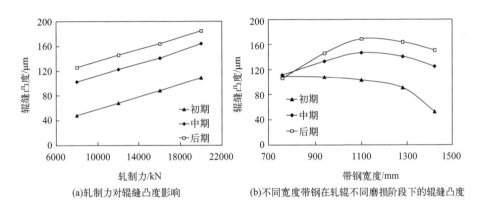

(a)轧制力对辊缝凸度影响　　　(b)不同宽度带钢在轧辊不同磨损阶段下的辊缝凸度

图 5-9　粗轧 R2 工作辊磨损程度对辊缝凸度的影响

图 5-9（b）为单位轧制力为 14.06kN/mm，工作辊处于不同服役阶段，辊缝凸度随带钢宽度变化的情况。从图中可以看出，在工作辊服役初期，带钢宽度越大的带钢将获得较小的凸度，这主要是因带钢宽度不同而产生的轧辊挠曲的差别。一般而言，宽带钢热连轧机对宽幅带钢的凸度调控能力要优于对窄规格带钢的调控能力。粗轧 R2 工作辊的磨损对不同宽度带钢的凸度的影响差别很大。在带钢宽度较小时，如小于 800mm 时，轧辊磨损对凸度的影响很小，几乎可以忽略。但随着带钢宽度的增加，工作辊磨损对辊缝凸度影响也随之增加。在带钢宽度为 1100mm 时，工作辊磨损对辊缝凸度影响最大，超过这一宽度时影响略有减小。在工作辊严重磨损后，出现辊缝凸度随带钢凸度先增大后减小的现象，这主要与工作辊的磨损特征有很大关系。粗轧工作辊磨损严重，下机辊形多出现箱形磨损特征。粗轧工作辊出现的箱形磨损在工作辊中部存在一个相对较平坦的箱

底，这一箱底的长度超过 800mm，正因如此，工作辊严重磨损对宽度较小的带钢的凸度影响不大。当带钢宽度与工作辊磨损辊形的"箱口"宽度一致时，轧辊磨损对带钢凸度的影响最为明显，超过这一宽度时，影响减弱。

从图中可以看出，对于 1580 热连轧机产量最大的 1020mm 和 1280mm 宽度的带钢，工作辊磨损对这两种规格带钢凸度的影响都很大，工作辊严重磨损造成的带钢凸度的增加都在 81% 以上。虽然粗轧机架的任务主要以厚度控制为主，但是粗轧提供的过大的来料凸度势必增加精轧机组的板形控制负担。因此，粗轧工作辊磨损对板形的影响仍然不容忽略。

(2) 精轧上游工作辊磨损对板形的影响

精轧上游 F1~F3 机架是控制板凸度的重要机架。为分析精轧上游机架工作辊磨损对板凸度的影响，在此以两种典型宽度为例（1020mm 和 1280mm），单位轧制力为 13.11kN/mm，工作辊磨损量为 0.2mm 时的情况来进行说明。精轧机架均配有弯辊系统，可以对带钢板形进行实时控制。热轧机的弯辊系统只提供正弯辊力，即随着弯辊力的增大辊缝凸度减小。轧辊磨损后造成的过大带钢凸度可以通过弯辊力进行补偿。图 5-10 即为工作辊处于不同磨损阶段轧制两种典型宽度带钢时，辊缝凸度随弯辊力的变化情况。从图中可以看出，随着工作辊磨损的加剧，辊缝凸度随之增大，弯辊力作为重要的板形调节方法作用明显，辊缝凸度随弯辊力的增加而表现出线性减小的趋势。弯辊力的作用效果可以用弯辊力调控功效来表示，弯辊力调控功效 Q 定义为：

$$Q = \frac{\Delta C_W}{\Delta F_b} \tag{5-7}$$

式中，ΔC_W 为辊缝凸度的变化量；ΔF_b 为弯辊力变化量。弯辊力调控功效的值即为图中直线的斜率的绝对值。通过计算得出，精轧上游机架在轧制宽度为

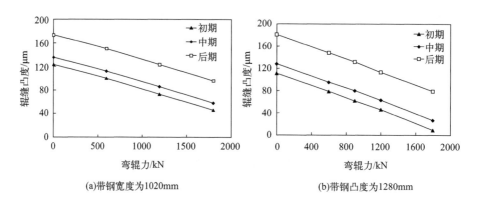

(a)带钢宽度为1020mm　　　　　　　(b)带钢凸度为1280mm

图 5-10　精轧上游机架工作辊不同服役阶段辊缝凸度随弯辊力变化趋势

1280mm 和 1020mm 带钢时弯辊力调控功效分别为 0.0569μm/kN 和 0.0428μm/kN。可以看出，弯辊力对宽带钢的凸度调控能力要优于窄带钢，即带钢宽度越大，弯辊力凸度调控效果越好。

工作辊磨损对弯辊力调控功效的影响很小，在工作辊不同磨损情况下，弯辊力调控功效差别不大。工作辊在一般磨损情况下，辊缝凸度增加不大，弯辊力可以较好地控制带钢凸度。但是当工作辊严重磨损时，带钢将产生较大的凸度，弯辊力将无法将带钢凸度控制在理想的范围内。根据比例凸度控制原则，带钢在精轧上游过大的凸度到了下游将无法弥补，最终将造成热轧产品的板形缺陷。

（3）精轧下游工作辊磨损对板形的影响

精轧下游 F4～F7 机架承担着控制带钢平坦度的主要任务。根据比例凸度控制原则，带钢在辊缝出口和入口的比例凸度的差值必须控制在平坦度死区内，带钢才不会出现中间浪和边浪等平坦度缺陷。由于精轧下游带钢厚度较薄，必须严格控制其凸度大小才能达到板形良好的目标。

为分析精轧下游机架工作辊磨损对板凸度的影响，在此以两种典型宽度为例（1020mm 和 1280mm），单位轧制力为 10.62kN/mm，工作辊磨损量为 0.4mm 时的情况来进行说明，如图 5-11 所示。由于精轧下游工作辊直径相对上游较小，工作辊的柔性增加，弯辊力的调控效果也增强。通过计算得出精轧下游机架在轧制宽度为 1280mm 和 1020mm 带钢时弯辊力调控功效分别为 0.1242μm/kN 和 0.0815μm/kN，比精轧上游机架轧制同宽度时弯辊力调控功效分别提高 118% 和 91%。可以看出，精轧下游工作辊直径的减小，对提高弯辊力调控效果十分明显。另外，精轧下游机架仍然表现出弯辊力对宽带钢的凸度控制效果要好于窄带钢的现象。

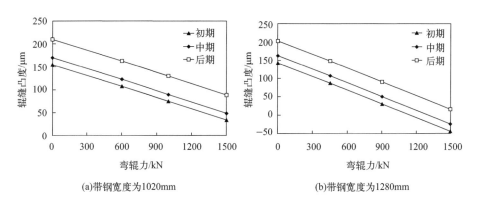

(a) 带钢宽度为1020mm   (b) 带钢宽度为1280mm

图 5-11　精轧下游机架工作辊不同服役阶段辊缝凸度随弯辊力变化趋势

精轧下游工作辊的严重磨损依然能够显著影响辊缝凸度。随着磨损的加剧，辊缝凸度不断增加。由于工作辊弯辊调控能力的增强，弯辊力对于凸度的控制效果更加明显，特别是对于宽度 1280mm 的带钢，弯辊力在工作辊严重磨损的服役后期仍能较好地控制带钢凸度。但是对于 1020mm 宽度的带钢来说，当工作辊严重磨损时，弯辊力的调控能力不能将带钢控制在较低的凸度范围内。因此在工作辊服役后期，应尽量安排较宽规格的带钢轧制，以避免出现平坦度缺陷或减小出现平坦度缺陷的概率。

（4）支承辊磨损对板形的影响

四辊轧机中支承辊的作用主要是减小工作辊挠曲量，增加辊系刚度，提高板形精确控制能力。支承辊磨损主要源于与工作辊的接触摩擦。支承辊磨损会改变支承辊与工作辊的辊间接触状态，使辊间接触压力分布发生变化，从而改变工作辊挠曲，进而间接改变带钢板形。为分析支承辊磨损对板形的影响，以精轧上游机架为例，在单位轧制力为 13.11kN/mm，带钢宽度为 1280mm，工作辊为零凸度辊形且无弯辊力作用，支承辊分别处于服役初期无磨损和服役后期磨损量为 0.4mm 时的情况进行说明，得到辊缝随带钢宽度变化趋势如图 5-12 所示。从图中可以看出，支承辊磨损对辊缝凸度的影响远远没有工作辊磨损产生的影响大，支承辊磨损对板形影响十分有限。但是，由于支承辊磨损会引起辊间接触压力分布的改变，从而加快轧辊疲劳，所以支承辊的磨损问题同样不容忽视。

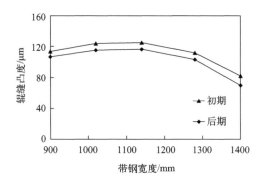

图 5-12　支承辊不同服役阶段辊缝凸度变化

5.2　热连轧机轧辊剥落问题的研究

5.2.1　轧辊疲劳概述

轧辊的疲劳破坏，特别是轧辊剥落现象，是影响带钢正常稳定运行的主要因素，日益提高的板形质量要求和订单要求使得轧机服役条件更加严苛，也加剧了轧辊的疲劳，并可能导致轧辊剥落事故的发生。因此，轧辊疲劳破坏的研究也是当今板带生产中关注的重要课题之一。

(1) 轧辊表面疲劳的表现形式

据统计，机械零件破坏中50%以上都是疲劳破坏，特别是随着机械零件向大型、复杂化和高温、高速使用环境的方向发展，随机因素增加，疲劳破坏更是层出不穷，因此关于疲劳破坏问题的研究得到了极大的关注。材料表面疲劳主要表现为材料表面的点蚀和剥落，工程中较为典型疲劳破坏形式的是滚动接触疲劳（RCF，rolling contact fatigue）。点蚀主要表现为尺度较小的凹坑，剥落则表现为较大深度和较大面积的凹坑，并伴有材料从疲劳表面的脱落。材料的疲劳破坏一般经过三个步骤[82]：①疲劳裂纹的形成，②疲劳裂纹的扩展，③瞬时破裂。

对于热连轧机轧辊而言，轧辊表面疲劳主要有点蚀、裂纹和剥落。轧辊疲劳是造成轧辊过早报废的最主要因素之一。图5-13为轧辊表面疲劳裂纹和剥落断口图片。轧辊剥落属于严重的生产事故，支承辊发生一次较轻的剥落，其造成的辊耗就可达正常服役辊耗的5倍以上，发生严重的轧辊剥落则可导致整个轧辊提前报废[83]。

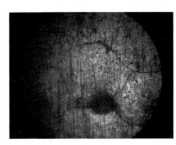 

(a) 疲劳裂纹 　　　　　　　　　　　(b) 剥落断口

图 5-13　轧辊表面疲劳裂纹和剥落断口

(2) 轧辊疲劳机理分析

轧辊疲劳隶属于滚动接触疲劳范畴。滚动接触中容易疲劳的零部件表面都受到巨大的赫兹接触应力的反复作用。滚动接触疲劳是近些年来疲劳研究领域的热点问题，如滚动轴承、齿轮、凸轮、火车轮和铁轨表面的疲劳问题都属于滚动接触疲劳。对轧辊表面滚动接触疲劳的研究多集中在疲劳产生的机理层面。Prasad[84]和Ray[85,86]等人通过对连轧机轧辊剥落组织的显微观测研究了剥落产生的原因，他们认为局部热冲击和局部重载是产生局部材料退化的主要原因，这将会引起裂纹萌生并促使裂纹扩展。Colás等人[87]对热轧工作辊的破坏机理进行了研究。他们通过扫描电镜（SEM）对剥落试样进行观测，发现了大量的裂纹，这些裂纹萌生于循环热应力和接触应力的作用，或者是两者的相互作用。Jeng 等人[88]研究了森吉米尔轧机第一中间辊辊面的剥落问题，认为轧辊表面硬度不足和表面夹杂物是产生剥落的主要原因。Sonoda[89]对热连轧机中高速钢轧辊表面的小面积剥落的机制进行了分析，指出表面热裂纹主要产生于高次循环热冲击的作用。李长生等人[90]通过有线单元法研究了热轧工作辊的热应力场，他们发现工作辊表面的最大热应力差可达约150MPa，并认为热应力的存在对轧辊表面热疲劳有一定影响。Benasciutti[91]通过有限元方法计算了热轧工作辊表面的温度场和热应力场，并提出了一种评估工作辊疲劳寿命的方法。Belzunce等人[92]指出了日益提高的热轧服役条件因素也是引起轧辊疲劳的重要原因。

(3) 轧辊剥落的预防

轧辊疲劳在轧制过程中是不可避免的，在带钢生产过程中应最大限度地抑制疲劳，尤其是要预防轧辊剥落事故的发生。轧辊疲劳原因可概括为内部组织因素和外部载荷因素两大类。从内因来看，组织退化、非金属夹杂物和气孔等都会成为加快轧辊疲劳甚至引起剥落的原因。从外因上来看，造成疲劳的原因主要来自载荷方面，包括应力形式、幅值和应力循环次数，这几个方面与轧制工艺、轧辊磨削、磨损等服役条件有很大关系。鉴于轧辊疲劳内外两方面的因素，对于轧辊疲劳预防也可从两方面出发：一是通过优化轧辊材料、提高组织性能来达到提高材料抗疲劳性能的目的；二是通过改变应力分布，削减应力峰值或避免应力集中来延缓疲劳的发生。

目前关于疲劳问题的研究多集中在对疲劳破坏机理的解释，国外多集中在对组织性能的分析上。各国学者针对热轧机中轧辊疲劳改善或剥落预防提出的方法较为有限。比较典型的是国内陈先霖[73]提出的变接触轧辊技术，通过变接触辊形技术的应用，达到辊间接触压力均匀化，消除接触应力尖峰的效果，从而可以大幅减少甚至避免剥落事故的发生，这种方法对于防止支承辊剥落事故非常明显。同样，Choi等人[93]通过优化火车轮的轮廓曲线，改善了接触应力分布，从而达到了改善疲劳和磨损的双重作用。Choi等人的研究虽然应用在高速列车领域，但对于热连轧机中轧辊疲劳的抑制同样具有很好的借鉴意义。可见Choi和陈先霖等人用的延缓疲劳的方法在原理上是相同的。而受订单和生产计划安排的限制，轧辊服役周期往往不能任意缩短，也就是不能通过降低循环载荷数量来改善疲劳问题。因此，改善磨损与优化压力分布已成为解决轧辊疲劳剥落问题的重要突破口。

轧辊剥落是影响带钢稳定生产的重要威胁，是一种典型的滚动接触疲劳（RCF，rolling contact figure）问题。接触疲劳伴随磨损而发生，从上节关于轧辊磨损的研究可以看出生产电工钢时轧辊磨损的严重程度。由于磨损和疲劳相互伴随的紧密关系，可知电工钢热连轧机轧辊疲劳问题也不可忽视。现场生产实践表明，轧辊剥落事故的频发，不仅每年造成上百万甚至上千万的经济损失，而且严重影响了电工钢的稳定运行，并影响了生产效率。之前的对剥落问题的研究主要关注两个方面，一是对剥落试样组织结构的观测，另一个是对表面和次表面裂纹产生的原因和机制的研究，相关文献已经在第一章中进行了说明。目前很少看到外载荷情况和轧辊剥落关系的研究。本节通过对轧辊裂纹检测、剥落断口分析、服役条件分析和接触力学行为的研究，来揭示轧辊剥落原因，从而为进行轧辊疲劳预防提供理论依据。

5.2.2 裂纹检测与剥落断口测试分析

无损检测（NDT，nondestructive testing）是发现工件内部缺陷的方法。目前工程上应用最多的无损检测方法主要有：超声检测（UT，ultrasonic testing）、涡流检测（ECT，eddy current testing）、射线检测（RT，radiographic testing）等。对于轧辊裂纹检测，一般采用涡流检测方法。涡流检测是轧辊表面缺陷最常用的检测方法之一，可以检测轧辊表面以下一定深度以内的疲劳裂纹等缺陷。涡流检测是给线圈输入一个正弦变化的电流，使得导电的工件表面感应出涡电流，当工件表层有缺陷时会引起涡流的变化，感应磁场也会变化，通过这些变化可获取工件内部的缺陷特征，从而达到检测工件内部缺陷的目的[94]。

轧辊在上机使用前一般需要进行裂纹检测，以确保轧辊表层没有超过允许尺寸的裂纹，确保上机安全。另外，对轧辊下机后的裂纹进行检测是总结轧辊服役过程疲劳裂纹发展规律的重要手段。通过对下机后的轧辊表面进行涡流探伤检测，经常发现上机时无明显裂纹缺陷的轧辊在下机后出现较大尺度的裂纹。图 5-14 为轧辊裂纹检测结果图。有些轧辊仅在表层的一个较小区域出现大裂纹，有些轧辊则在轧辊内部沿轴向出现大规模的裂纹。其中，支承辊一般在边部 150～300mm 范围内出现大裂纹，工作辊的裂纹多分布在轧辊辊身中点两侧区域。

轧辊剥落断口的尺寸相差较大，有些剥落带面积不到 $1000mm^2$，深度不到 10mm，如图 5-15（a）所示。有的剥落带面积则超过 $100000mm^2$，断口处沿辊身轴向最长达 460mm，径向最深处超过 62mm，周向尺寸 1980mm，超过 1/3 圆周长度，如图 5-15（b）所示。轧辊剥落断口一般具有明显的疲劳特征，尤其是对于服役时间较长的支承辊的剥落，这种情况更明显，如图 5-15 中（a）和（c）呈现了比较明显的疲劳特征，剥落断口存在非常明显的疲劳弧线。疲劳弧线是疲劳裂纹瞬时前沿线的宏观塑性变形痕迹，它的法线方向即为该点的疲劳裂纹扩展方向，疲劳弧线也是判断是否为疲劳剥落的重要依据[95]。轧辊剥落断口疲劳弧线的法线方向和轧辊的转动方向大约呈 45°角，通过材料力学的分析可知，这一方向是最大切应力存在的方向。因此一般认为轧辊裂纹的扩展方向和最大切应力有密切关系。

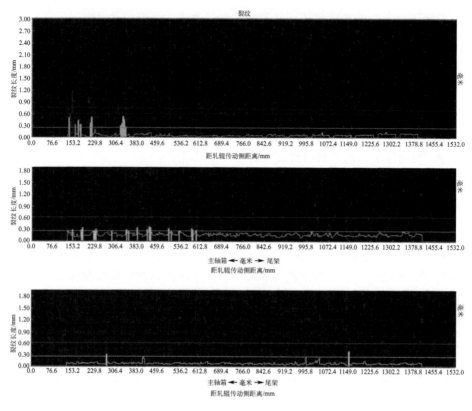

图 5-14　轧辊裂纹探伤结果

　　使用金相显微镜也可以在剥落带上发现密布的裂纹，如图 5-16 所示。这些裂纹产生于轧辊服役的不同时期，在反复作用的外载荷作用下不断扩展，引起材料强度的不断减弱，最终导致剥落的发生。由于轧辊服役时间长，尤其是支承辊在一个服役期内要经历 30 000 次以上的循环应力作用，工作辊还要承担剧烈变化的热应力的作用，因此轧辊服役过程中会不可避免地发生疲劳。通过对轧辊表面作用应力形式和应力水平的计算，尤其是对轧辊全服役周期内应力的计算，有助于从载荷方面揭示疲劳发生的原因。

5.2.3　轧辊表面应力形式

　　热连轧机服役条件恶劣，轧机中轧辊表面承受的应力比较复杂，如图 5-17 所示为轧辊表面主要承受应力示意图。从图中可以看出，在轧制力作用下，支承辊通过辊面接触将轧制力传递给工作辊，支承辊和工作辊的接触过程中产生接触应力，这时接触应力的主要表现形式为压应力。工作辊将压力转化为带钢的变形，工作辊在与高温带钢接触的过程中产生热应力和接触应力，这两种应力的

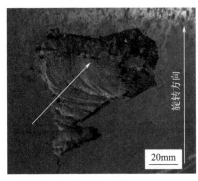

(a) 小面积剥落

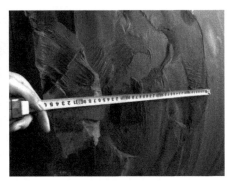

(b)超大面积剥落

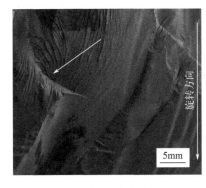

(c) 剥落处明显的疲劳弧线

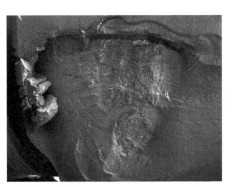

(d) 剥落处不明显的疲劳弧线

图 5-15　轧辊剥落断口图

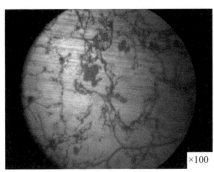

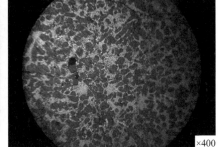

图 5-16　剥落断口区域金相显微镜观测图

表现形式均为压应力；随后工作辊表面经过喷水冷却后轧辊表面温度迅速降低，引起热应力的急剧减小。此外，由于支承辊承担了主要的弯矩作用，支承辊表面的顶部和底部还会出现弯曲应力。精轧工作辊在弯辊力的作用下也会出现弯曲应力，尤其是精轧下游轧辊直径较小时这种弯曲应力值可能更大。图 5-18 为支承

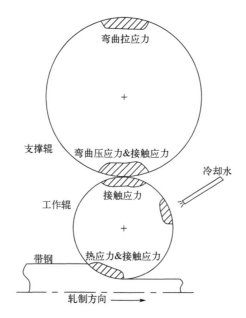

图 5-17　轧辊表面主要承受应力分布示意图

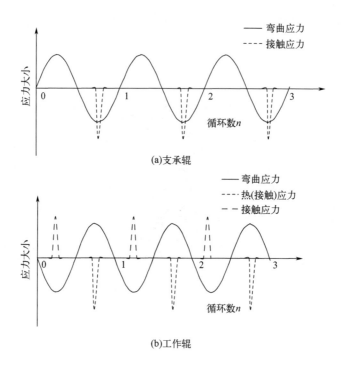

(a)支承辊

(b)工作辊

图 5-18　轧辊表面一点的应力循环示意图

辊和工作辊表面一点的应力循环示意图。从图中可以看出，支承辊表面主要承受的弯曲正应力和接触应力的作用，工作辊还要承受热应力的循环作用，应力循环周期与轧辊转速和直径有关。通过研究轧辊主要应力变化情况来分析轧辊疲劳产生的原因，是本节的重点研究内容之一。下面首先计算轧辊表面承受的三种主要应力幅值大小，以查明哪种应力处于主导地位。接下来分别计算了接触应力、弯曲应力和热应力的总体情况。

(1) Hertz 接触应力计算

如果把工作辊和支承辊的接触看作两个纯圆柱体的接触，那么就可以用 Herzt 接触理论来计算轧辊之间的接触解。工作辊和支承辊的接触图如图 5-19 所示[96]。本节针对粗轧 R2、精轧上游和精轧下游机架等不同机架位置的工作辊和支承辊的接触问题进行了 Herzt 接触计算，计算所需的参数如表 5-5 所示。由 Herzt 理论[97]得出的沿轴向相互接触的两个圆柱体的接触解为：

$$a = \sqrt{\frac{4PR^*}{l \pi E^*}} \tag{5-8}$$

$$p_0 = \sqrt{\frac{PE^*}{l \pi R^*}} \tag{5-9}$$

$$\sigma_x = -\frac{p_0}{a} \left[(a^2 + 2z^2)(a^2 + z^2)^{-1/2} - 2z \right] \tag{5-10}$$

$$\sigma_z = -p_0 a (a^2 + z^2)^{-1/2} \tag{5-11}$$

$$\sigma_y = \nu(\sigma_x + \sigma_z) \tag{5-12}$$

$$\tau_1 = \frac{p_0}{a} \left[z - z^2 (a^2 - z^2)^{-1/2} \right] \tag{5-13}$$

式中，a 为接触区半宽度；p_0 为最大压力；σ_x、σ_y 和 σ_z 为接触区的应力分量；τ_1 为主切应力。

综合半径 R^* 由式（5-14）确定，综合弹性模量 E^* 由式（5-15）确定。根据轧辊和轧制力参数计算得到的综合弹性模量 E^* 为 115384MPa，粗轧 R2 机架以及精轧上游和精轧下游综合半径 R^* 分别为 343mm、271mm 和 228mm。由于支承辊两个边部 150mm 内存在倒角，倒角区域大部分不与工作辊相接触，在此所有机架轧辊间接触长度均取 1250mm。

$$\frac{1}{R^*} = \frac{1}{R_1} + \frac{1}{R_2} \tag{5-14}$$

$$\frac{1}{E^*} = \frac{1 - \nu_1^2}{E_1} + \frac{1 - \nu_2^2}{E_2} \tag{5-15}$$

式中，R_1 和 R_2 分别为两轧辊的半径；E_1 和 E_2 分别为两轧辊的弹性模量；ν_1 和 ν_2 分别为两轧辊的泊松比。

通过式（5-13）计算得出在 $z=0.78a$ 时，出现最大切应力，即 $(\tau_1)_{max}=0.30p_0$。其中 z 为离接触点的法向距离。

两个轧辊的接触类似于两个圆柱体的接触。对于圆柱体的二维接触问题，由 Tresca 最大切应力准则：

$$\max(|\sigma_1-\sigma_2|,\ |\sigma_2-\sigma_3|,\ |\sigma_3-\sigma_1|)=2\tau_s=\sigma_s \tag{5-16}$$

可得到在最大接触压力达到以下值时，接触区表面以下 $0.78a$ 最先开始发生屈服，这个最大接触压力值为：

$$p_0=1.67\sigma_s \tag{5-17}$$

当 $\nu=0.3$ 时，由 Von Mises 屈服准则：

$$\sqrt{\left[(\sigma_1-\sigma_2)^2+(\sigma_2-\sigma_3)^2+(\sigma_3-\sigma_1)^2\right]/2}=1.732\tau_s=\sigma_s \tag{5-18}$$

可得到在最大接触压力达到以下值时，接触区表面以下 $0.70a$ 最先开始发生屈服，这个最大接触压力值为：

$$p_0=1.79\sigma_s \tag{5-19}$$

可以看出，通过不同屈服准则得到的开始屈服时的接触压力值差别不大。

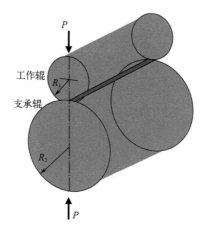

图 5-19 轧辊的 Hertz 接触示意图

R_1 为工作辊半径，R_2 为支承辊半径，P 为轧制力

表 5-5 轧辊及轧制力参数

机架位置	粗轧 R2		精轧上游		精轧下游	
轧辊类型	工作辊	支承辊	工作辊	支承辊	工作辊	支承辊
轧辊半径/mm	600	800	410	800	320	800
轧辊长度/mm	1580	1550	1880	1550	1880	1550
轧制力/kN	20000		16000		12000	
弹性模量/MPa	210000					

根据以上计算公式，可以得出不同机架位置，工作辊和支承辊接触时的接触宽度、最大接触压力、最大切应力和其所在位置等数据。计算所得数据如表 5-6 所示。从表中可以看出，随着轧辊直径的减小，接触区宽度也减小，最大切应力存在的深度也变浅。但是最大接触压力和最大切应力值并没有因为轧辊直径的减小而减小，相反在某些直径配对时还有可能增加，如精轧上游轧辊综合直径比粗轧 R2 机架要小，而其接触压力和最大切应力则比其略大。最大切应力出现在轧辊较浅的区域，通过上述分析可知，轧辊剥落与最大切应力有关，裂纹可能在最大切应力处萌生并扩展。通过计算发现最大切应力存在的区域最深会超过 6mm，而一般的涡流检测仪在保证精度的情况下所能测量的范围为深度 5mm 左右，如果轧辊在深度较大处存在缺陷，上机前涡流探伤检测良好的轧辊仍然有可能在服役时发生事故。

表 5-6　各机架轧辊接触的 Hertz 解

参数	机架位置		
	粗轧 R2	精轧上游	精轧下游
接触宽度/mm	15.56	12.38	9.84
最大接触压力/MPa	1307	1315	1240
最大切应力/MPa	397	400	377
最大切应力深度/mm	6.07	4.83	3.84

通过 Hertz 接触公式计算得到的应力结果，绘制了不同机架位置处，各正应力分量和切应力随深度的变化情况如图 5-20 所示。图中，σ_x、σ_y、σ_z 分别为沿轧辊圆周切向线、轴向和接触点法向的正应力分量；τ 为主切应力。从图中可以看出，轧辊接触区的正应力分量都随着接触区深度的增加而迅速减小，且减小的速度也迅速降低，当深度距离接触表面大于 15mm 时，正应力分量降低的趋势则越来越小。正应力分量中沿轧辊圆周切线方向的 σ_x 减小最快，其次是沿轴向的应力分量 σ_y 和沿接触点法向的应力分量 σ_z。主切应力分量在接触区表面为零，随深度急剧升高，在靠近轧辊表面的一点达到峰值，之后又迅速降低，当深度超过约 3 倍大小的极值深度时，主切应力值降低速度变小，然后趋于一个定值。

必须指出的是，经典接触理论只能得到理想情况下轴线平行的纯圆柱体接触应力的总体水平，对于圆柱体直径远大于粗糙表面微凸体尺寸的情况也适用，这对我们了解轧制力和轧辊直径对轧辊表面接触应力的综合影响程度是有帮助的。但是实际的轧辊由于生产工艺和安全的需要被磨削了辊形，并且随着生产的进行轧辊不可避免地发生磨损，因此轧辊的辊形是不可避免发生变化的，轧辊在每一

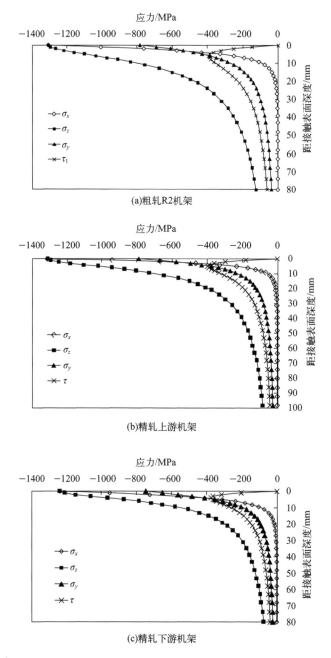

图 5-20 不同机架位置轧辊接触的 Hertz 应力随深度的变化

接触点的应力情况也就不再相同，这时通过经典的接触理论就很难获得在辊形变化后轧辊表面的接触应力分布情况。有限元数值模拟为我们获得精确的接触解提供了可能，以后的章节有很多数据是通过有限元数值模拟进行计算得到的。通过对比后面的有限元计算结果和 Hertz 计算结果来看，有限元计算结果的平均应力和 Hertz 理论计算结果差别不大，由此也说明了 Hertz 理论用于计算接触应力其大体结果是准确的。

（2）弯曲应力计算

支承辊在热轧带钢生产中承担了主要的弯矩，精轧机架工作辊在轧制力和弯辊力的作用下也会产生挠曲变形，从而产生弯曲应力。由于材料力学理论计算弯曲应力的前提为"梁"的弯曲，即长度尺寸远远大于截面尺寸的细长杆，对于长度和半径近乎相同的轧辊来说，通过材料力学理论计算轧辊弯曲问题并不适用。为了得到轧辊发生挠曲时的弯曲应力，在此采用第 4 章中的辊系有限元模型来进行计算。支承辊的弯曲应力取自下支承辊底部母线位置处，因为此处支承辊仅存在弯曲应力，且弯曲应力为最大值。工作辊计算的是仅施加弯辊力且弯辊力为最大时（1500kN/侧）的工况条件下的弯曲应力，图 5-21 列出了支承辊和工作辊弯曲应力沿轧辊轴线分布情况。图中显示的应力为 Mises 等效应力。

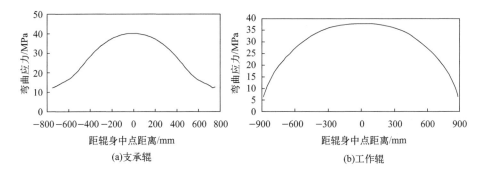

（a）支承辊　　　　　　　（b）工作辊

图 5-21　沿轧辊轴向方向分布的接触应力

从图 5-21 可以看出，不管是工作辊还是支承辊，最大弯曲应力差别不大，弯曲应力最大值为 40 MPa，而接触压力的峰值则达到 1200 MPa 以上，后者幅值是前者的 30 倍以上。由此可见，接触应力在支承辊表面应力中处于主导地位。弯曲应力和接触应力均与轧制力有关，但接触应力还与轧辊表面局部接触状态有密切关系。计算结果发现，弯曲应力和接触应力都随轧制力的增加而增加，弯曲应力几乎不随轧辊磨损和磨削辊形的变化而变化，但接触压力受轧辊辊形变化明显。

（3）热应力计算

板坯在热轧前要在加热炉里加热到 1100℃ 以上，轧制时工作辊在与高温带钢的接触过程中会急剧升温，随后再被轧辊冷却水喷淋而迅速冷却。在轧辊加热和冷却的过程中，轧辊表面会产生热应力的急剧变化。板坯与工作辊间的热量传递方式除了接触热传导外，还有热辐射、摩擦生热及轧件变形生热等。除热辐射外，其余热传递均只发生在带钢与工作辊的接触区内，因此在做温度场分析时，可将其视为一个综合问题。且与因带钢高温而产生的热传递相比，由摩擦生热和轧件变形生热所产生的热传递相当小。与接触传热相比，辐射传热速度要慢得多，亦可忽略不计。工作辊的水冷是重要的热损失，工作辊只有与带钢直接接触的区域瞬时温度较高，其余部分由于水冷的存在温度一般均低于100℃，故在刮水板前，冷却水不会轻易蒸发，工作辊一直处于水冷状态。综上所述，轧辊的热量交换可以简化为两种，一种是接触区内带钢与轧辊的热传递，另一种是接触区外工作辊的水冷。对应地，可将轧辊的边界条件设置为水冷，将工作辊与带钢间设置为热传递接触。通过前一章中建立的显示动力学有限元模型的简化模型，不考虑支承辊的影响，即可计算得到热轧过程中工作辊表面的热应力随时间变化的情况，如图5-22所示。需要指出的是，图中显示的等效应力不仅包括热应力，还包括由轧辊与带钢挤压产生的接触应力，二者很难分离开来。从图中应力幅值变化可以看出，工作辊热轧过程中应力变化剧烈，最大等效应力达到700MPa，因此对于工作辊来说，由热循环产生的疲劳问题不容忽视。

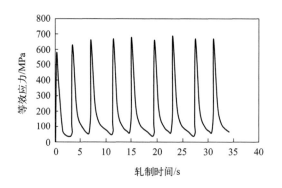

图 5-22　工作辊表面热应力随时间变化

5.2.4　全服役期内的辊间接触应力计算

轧辊在轧制过程中会产生磨损，磨损会引起接触状态的改变，从而导致接触应力的变化。计算结果表明，接触应力是轧辊表面应力中影响因素最多、变化最大的应力形式。为了查明轧辊剥落的原因，尤其是没有热应力影响但支承辊剥落的原因，需要计算各主要轧制工艺参数以及全服役周期内磨损对接触应力分布的影响。本节的计算采用第4章中的三维辊系有限元模型进行。

(1) 轧制工艺参数对接触应力分布影响

现在分别对不同轧制力和不同带钢宽度下的接触压力进行了计算对比，得到的应力分布情况如图 5-23 所示。从图中可以看出，当带钢宽度保持不变，不同轧制力作用时的辊间接触压力如图 5-23（a）所示，其中带钢宽度为 1280mm，单位轧制力分别为 12kN/mm、16kN/mm 和 20kN/mm。从图中可以看出，当带钢宽度保持不变时，辊间接触压力随着单位轧制力的增大而增大。压力峰值位置为倒角过渡位置，不同轧制力下压力峰值出现的位置基本不变，当单位轧制力从 12kN/mm 增大到 20kN/mm 时，压力峰值增大了 61%，这一增幅与这平均压力的增幅相等，也就是说，压力峰值和平均接触压力与轧制力的增长速度是相同的。计算得出的压力峰值比平均压力高 30%。

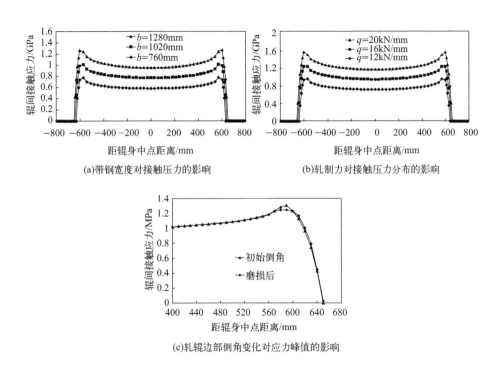

(a)带钢宽度对接触压力的影响　　　(b)轧制力对接触压力分布的影响

(c)轧辊边部倒角变化对应力峰值的影响

图 5-23　生产参数变化对辊间接触应力的影响

由图 5-23（b）可以看出，当单位轧制力一定时，随着带钢宽度的增加辊间接触压力也随之增大，当带钢宽度从 760mm 增大到 1280mm 时，接触压力峰值由原来的 0.81GPa 增加到 1.29GPa，增加了 59%，这一增幅同样与平均接触压力的增幅相同。宽度对接触压力的影响与轧制力对接触压力的影响基本一致，这主要是由宽度的增加而引起所需的总的轧制力增大造成的。

通过上述分析可以发现，工作辊和支承辊都采用平辊时，辊间接触压力在距离支承辊边部 200mm 左右的位置出现压力尖峰，这一位置是倒角过渡的位置。总体来看，接触压力峰值比平均压力高约 30%。接触压力的峰值会随着轧辊的磨损而逐渐削减，图 5-23（c）模拟了轧辊倒角过渡处磨损后辊间接触压力的分布情况。从图中可以看出，随着轧辊的倒角的磨损，应力峰值得到一定程度的削减，削减幅度在 5% 上下。

（2）全服役周期内的接触应力计算

轧辊磨损改变了工作辊与支承辊之间的接触状态，从而将改变辊间应力分布。轧辊磨损是随着轧制过程不断变化的，本书计算了轧辊全服役期内几个典型磨损阶段的辊间压力分布情况。轧辊不同服役期的辊间接触应力是通过现场测量轧辊磨损辊形后带入到有限元模型中计算出来的。轧辊服役初期的辊间接触应力分布情况已经在图 5-23 中给出。工作辊和支承辊其他服役阶段的接触应力分布情况如图 5-24 所示。

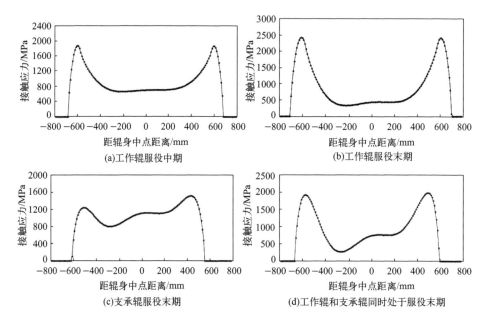

图 5-24　工作辊和支承辊全服役期内辊间接触压力分布情况

图 5-24 反映了轧辊全服役期内接触压力随轧辊磨损的分布情况。从图中可以看出，工作辊和支承辊磨损均对辊间接触压力的分布有重要影响，接触压力分布趋势与磨损辊形存在相似性。辊间接触压力不均匀度定义为压力峰值与压力均值的比值。随着轧辊的磨损，轧辊两端压力峰值不断增大，压力不均匀度也随之增加。工作辊在服役初期辊间接触压力峰值为 1290 MPa，工作辊处于服役中期时，这一压力值增大到了 1867 MPa，增幅为 45%。而当工作辊处于严重磨损的

服役末期时，压力峰值急剧增加到 2409 MPa，比服役初期增大了 86.8 %。支承辊磨损对接触压力的影响相比工作辊较小，这主要是因支承辊磨损没有工作辊那么严重。从图 5-24（c）可以看出，支承辊服役后期产生的压力峰值尚不及工作辊服役中期产生的压力峰值大。支承辊和工作辊同时处于服役后期时，接触压力分布主要体现为工作辊磨损对峰值的影响，支承辊磨损对局部压力分布的影响。因此可知，严重磨损的工作辊对辊间接触压力分布的影响最大。接触压力尖峰往往出现在距离轧辊边部 155～245mm 的位置，这一区域在工作辊和支承辊的整个服役期几乎都有压力尖峰的存在。从图 5-25 可以看出，轧辊两端的压力峰值非常明显。

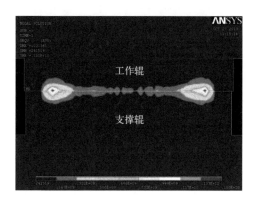

图 5-25　轧辊处于磨损时期的 Von Mises 应力分布图

5.2.5　轧辊粗糙表面微凸体的接触力学行为

以上分析了不同条件下轧辊表面沿轴向整体的接触应力分布情况，这种接触计算对于整体的应力计算是准确的。但是，任何工件表面不可能是完全光滑的，对于局部的表面形貌，存在不断起伏变化的微凸峰，从而会影响局部的接触状态，并影响到表面接触行为的变化。图 5-26 所示为实际轧辊表面的局部表面形貌[98,99]。

研究局部真实表面的接触问题，对于分析局部的应力状态和变形情况，从而揭示局部接触行为对疲劳的影响具有重要意义。本书通过建立三维弹塑性有限元模型分析了轧辊表面微凸体的接触变形行为，对轧制力作用下微凸体的位移、接触压力、弹塑性变形和接触半径进行了计算，最后总结了粗糙表面微凸体接触行为与轧辊疲劳之间的关系。

(1) 模型的建立

工件粗糙表面的微凸体可以被描述成不同的几何特征[100]，如半球体、圆锥

(a)轧辊表面三维形貌

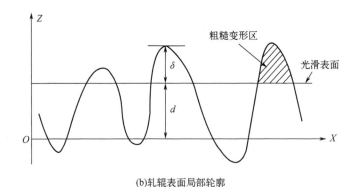

(b)轧辊表面局部轮廓

图 5-26　轧辊表面局部形貌图

体、椭球体、正弦波纹体等。由于正弦波纹体（本书称正弦体）被认为适合表达微凸体外形和变形特征，因此得到各国学者的广泛关注。本书也采用正弦体来描述轧辊表面微凸体的几何特征，如图 5-27（a）所示，其二维轮廓可表述如下：

$$y(x) = \frac{h}{2}\left[\cos\left(\frac{2\pi}{\beta}x\right) + 1\right], \quad -\frac{\beta}{2} < x < \frac{\beta}{2} \tag{5-20}$$

式中，三角函数的幅值 h 表示为微凸体高度；波长 β 表示为微凸体宽度。

该正弦轮廓曲线沿 y 轴旋转一周即为正弦体。定义 $h_\beta = h/\beta$ 为正弦体的形状系数，h_β 值越大说明正弦体越纤细，其值越小说明正弦体越扁平。对于形状系数相同的微凸体，其几何形状相同，但尺寸大小可以不相等。根据相关学者的研究可知，粗糙表面微凸体的形状系数 h_β 被定义为不同的取值范围。如 Gao 等人[101]将形状系数 h_β 设置在 $0.01\sim0.1$ 的范围内，而在 Liu[41] 的研究中，将形状系数 h_β 的范围放宽到 $0.01\sim0.4$ 之间。在微凸体高度 h、微凸体宽度 β 和形状系数 h_β 三者当中，其中任意两者都可以完整描述正弦体的几何特征。现场使用粗糙度测量仪测量了工作辊的表面形貌，如图 5-28 所示。根据热连轧机轧辊磨损并充分考虑到轧辊表面局部高点等特殊情况，本书中微凸体的高度 h 的取值范围设置为 $50\mu m\sim250\mu m$，形状系数 h_β 设定在 $0.025\sim0.1$ 之间的范围内。微凸体接触模型的建立同样采用有限元仿真软件 ANSYS 进行，模型的建立过程亦通过 APDL 程序化编程语言进行编写。在有限元模型中，各接触体的材料均被设置为弹塑性材料，本构关系采用双线性等向强化模型，即材料应力应变曲线的弹性阶段（为一条直线）的斜率为弹性模量 E，材料超过屈服点后的塑性阶段的斜率为切线模量 E_t。根据现场轧辊实际材料属性并参考文献［41］和文献［102］，确定的微凸体接触模型中材料的参数如表 5-7 所示。

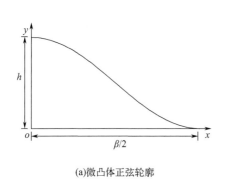 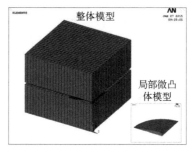

(a)微凸体正弦轮廓　　　　　　(b)微凸体三维有限元接触模型

图 5-27　微凸体模型

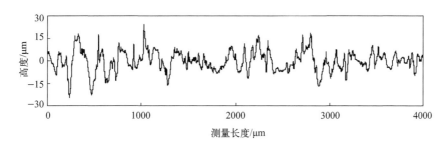

图 5-28　轧辊表面粗糙度测量

表 5-7 微凸体接触模型中的材料参数

参数	微凸体	轧辊
弹性模量 E/Gpa	60	210
泊松比 ν	0.4	0.3
屈服强度 σ_y/GPa	0.33	2.4
切线模量 E_t/GPa	1.07	3.7
摩擦系数 μ	0.2	

由于微凸体的尺寸远不足 1mm，而轧辊的直径最小也在 500mm，尺寸差别巨大，所以根据实际需要建立了局部的 1/4 微凸体有限元接触模型，建立的模型如图 5-27 (b) 所示。图中模型上半部分代表支承辊，下半部分代表工作辊，微凸体在工作辊上，在模型的中部。在 XOY 和 YOZ 平面上施加对称约束，轧制力施加在模型上表面，模型下表面施加竖直方向的位移约束。根据实际的轧制参数，并为获得微凸体弹塑性变形情况，选取的单位轧制力范围为 0～16kN/mm。通过建立的微凸体局部接触模型，对在不同轧制力作用下不同形状的微凸体的变形行为进行了求解和分析，以下的求解结果包括接触位移和刚度、接触压力、弹性和塑性应变以及接触半径等。

（2）计算结果

① 位移　以图 5-29 与图 5-30 列出了不同形状和大小的微凸体在轧制力作用下的模型整体沿竖直方向的位移。从图中可以看出，随着轧制力的增大，位移均增加，但曲线斜率降低，即位移增加的速度放缓。从图 5-29 中可以看出，不同形状系数的微凸体，形状系数越大，在相同的载荷下产生的位移也越大，即纤细的微凸体在相同的载荷作用下产生的位移比扁平型的微凸体要大。从图 5-30 中可以看出，对于相同的形状系数，尺寸较小的微凸体在同样的载荷条件下引起的位移较大，反之则较小。

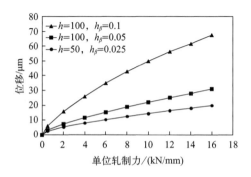

图 5-29　不同形状系数微凸体在轧制力作用下的整体位移

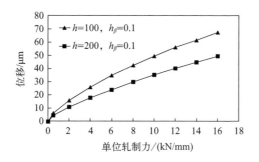

图 5-30　相同形状系数微凸体在轧制力作用下的整体位移

② 接触压力　接触压力的分析以微凸体顶部初始接触点为代表进行。尤其是大变形发生时[41,42,103]，线弹性材料接触求解中求得的接触压力会产生不准确的结果。本书将弹塑性材料应用到微凸体接触计算中，对于获得准确的接触压力具有重要意义。从图 5-31、图 5-32 中可以看出，对于不同的微凸体的大小和形状，接触压力首先在受到较低载荷时急剧升高，然后随着载荷增加接触压力值保持基本不变。对于不同形状系数的微凸体，形状系数越大，在同样的载荷下获得的接触压力值越高。而对于相同形状系数的微凸体，接触压力的变化趋势则非常相近。

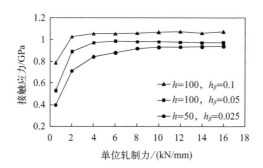

图 5-31　不同形状系数微凸体在轧制力作用下的接触压力

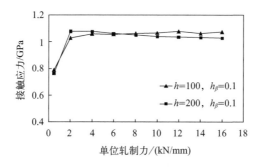

图 5-32　相同形状系数微凸体在轧制力作用下的接触压力

③ 弹塑性应变 图 5-33 列出了不同形状和尺寸微凸体总应变、弹性应变和塑性应变随轧制载荷变化的情况。从图中可以看出，随着载荷增大，不同形状和尺寸的微凸体的总应变都有不同程度的增大，但是数值相差很大。图 5-33（a）和图 5-33（d）的应变数值明显比其他两图大得多，分析可知，这两图中的形状因子都较高，都属于细长型的微凸体类型，且这两幅图中总应变是以塑性应变为主导的，弹性应变在较低载荷时达到一定值后基本不再继续增加，此时弹性应变的最大值约为 $7\mu m$。而对于图 5-33（b）和（c）所示的扁平型的微凸体，总应变则以弹性应变占主导，塑性应变较低，尤其是当形状系数很小时，则基本上在轧制载荷范围内不发生塑性变形，如图 5-33（c）所示。由此可见，微凸体的形状对于弹塑性变形的影响很大，微凸体的大小对于弹塑性变形的影响主要表现为较小尺寸的微凸体的塑性应变略高于较大尺寸的微凸体的塑性应变。

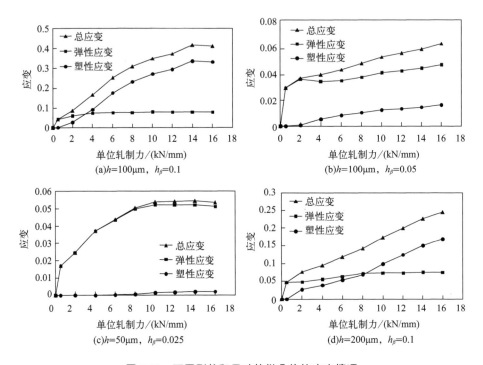

图 5-33 不同形状和尺寸的微凸体的应变情况

④ 接触半径 粗糙体在接触过程中会在顶部产生一个圆形的接触面积，并且随载荷增大这一面积也会增大。通过计算发现，形状系数越小，在同样的轧制载荷下获得的接触半径越大（图 5-34），也就是说，扁平型的微凸体能在同样载荷作用下获得较大的接触半径。而大小尺寸不一样、相同形状系数的微凸体则具有几乎相同的接触直径变化趋势（图 5-35）。

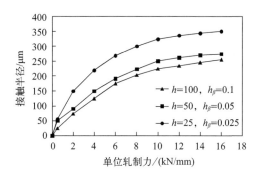

图 5-34　不同形状和尺寸的微凸体的接触半径

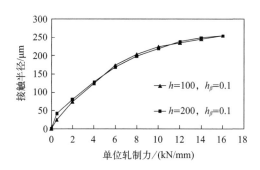

图 5-35　相同形状和尺寸的微凸体的接触半径

（3）微凸体变形规律

上面对微凸体接触变形行为进行了计算和分析。以上分析只是针对单一的变形特征分别进行的，如位移、接触压力、弹塑性应变和接触半径。其实这些结果之间又有相互关联，在此进行说明并对微凸体变形特征深度剖析。在外载荷作用下，微凸体必然会发生变形，接触面积随载荷增大而增加。随着载荷的增加，由于接触面积增加导致承受压力的面积增大，因此变形也会变得越来越困难，从而使位移和总应变的增长速度放缓。我们必须注意到，微凸体的几何形状和尺寸大小对变形行为影响很大。对于相同形状系数、不同尺寸大小的微凸体，在同样的载荷下产生的接触压力和接触面积几乎相同。值得注意的是，通过对比微凸体塑性应变和接触压力的变化趋势可以发现，微凸体内未发生塑性变形时，接触压力随外载荷增加而增大，而当微凸体内产生塑性变形时，接触压力基本上不再随外载荷的增加发生变化，因此，我们也可以通过接触压力的变化趋势来判断弹塑性微凸体是否发生塑性变形。最为重要的是，较小尺寸细长型的微凸体在较低的轧制载荷下就会产生塑性变形，产生的总应变也较大。

计算结果显示微凸体最大塑性应变出现在微凸体表面以下 $55\sim229\mu m$ 深度的位置，同时与微凸体接触的轧辊的最大等效应力约为 680 MPa，出现在轧辊表面以下 $125\sim321\mu m$ 深度的位置。而疲劳一般也产生于高应力或者高应变的区域。因此，在工作辊和支承辊表层较浅的位置（不足 0.5mm 的深度），在重复接触应力的作用下很容易产生疲劳，尤其是支承辊的服役时间长达 450h，且轧制压力较大，因此在轧辊浅层产生疲劳几乎是必然的。而实际上，由于轧辊表面长期处于粗糙状态，这一深度正是轧辊表面疲劳层所在的位置。热连轧机工作辊和支承辊下机后必须进行磨削去除疲劳层，获得理想辊形后才能上机使用。现场去除的疲劳层深度，工作辊一般在 1mm 以内，支承辊一般在 2.5mm 左右。从轧辊的涡流检测结果可以看出，疲劳裂纹广泛存在于轧辊表面的全长方向。这种浅层的裂纹很容易扩展到工作辊表面，如果裂纹向深层扩展还有可能发生轧辊表面的剥落。

5.3　轧辊磨损改善与剥落预防措施

轧辊磨损和疲劳同属轧制过程中出现的轧辊失效问题，并且同属于滚动接触问题，虽然二者产生的机理存在差别，但是它们同时产生于热轧带钢生产过程，二者相互伴随并相互影响。大量事实也表明（本书文献综述中有说明），磨损改善的同时有助于疲劳的缓解，本书也同样证明，疲劳的延缓措施同时有助于磨损的改善。正因为磨损和疲劳的紧密关联，在此本书把轧辊磨损和剥落预防措施放在一起进行讨论。

5.3.1　辊形设计与上机实验应用

轧辊的磨损会引起辊形的改变，从而引起辊间接触压力分布的变化。从本章 5.2.3 节的计算中可以发现，轧辊磨损对辊间接触压力的影响很大，特别是工作辊的深凹槽性磨损，会导致在工作辊服役中后期产生巨大的辊间接触压力尖峰，造成局部应力集中，从而加快了轧辊表面疲劳，使轧辊疲劳剥落的风险增加。通过总结电工钢热连轧机轧辊磨损变化规律（5.1.1 节）可以发现，总体来看，工作辊磨损比支承辊磨损严重，工作辊磨损以粗轧 R2 机架和精轧下游机架最为严重。工作磨损越严重，凹槽形越深，辊间接触压力峰值也越大。现场生产实际也表明，工作辊磨损严重的粗轧 R2 机架和精轧下游机架是轧辊剥落发生的主要位置，几乎全部的轧辊剥落都发生在粗轧 R2 机架和精轧 F4～F6 机架。

为了解决困扰电工钢热连轧机的严重轧辊剥落问题，设计合适的轧辊上机辊形以补偿轧辊磨损，降低轧辊磨损对辊间接触压力的影响，从而改善轧辊疲劳，成为预防轧辊剥落的重要出发点。由于工作辊磨损主要产生于与带钢接触过程中，工作辊的上机辊形在磨损过程中将很快失去作用，而支承辊磨损相对较轻，因此设计合理的支承辊上机辊形，成为改善辊间接触压力进而预防轧辊剥落的重要途径。

(1) 支承辊上机辊形设计原则

电工钢热连轧机支承辊原上机辊形为零凸度平辊，轧辊边部进行倒角处理，这种上机辊形表现出在机不均匀且磨损较为严重、辊形自保持性差、服役期内辊间接触压力峰值高、局部应力集中严重等问题。支承辊上机辊形设计以改善轧辊服役期内辊间接触压力分布从而降低疲劳剥落风险为主要原则，并且还要兼顾上机辊形对板形调控能力的影响。根据变接触辊形原理[73]，支承辊上机辊形设计原则表达如下。

① 接触压力分布均匀化

$$\min F_1 = \sqrt{\frac{1}{n}\sum_{i=1}^{m}\left[q_a(i) - \frac{1}{n}\sum_{k=1}^{n}q_a(k)\right]^2} \tag{5-21}$$

式中，$q_a(i) = \frac{1}{m}\sum_{j=1}^{m}q(j, i)$，为 m 种工况下第 i 个节点处的平均接触应力；$q(j, i)$ 为第 i 个节点在工况 j 下的接触压力；n 为支承辊被划分后的节点数。

② 减小有害接触区

$$\min F_2 = \sum_{j=1}^{m}\left[L_c(j) - B(j)\right] \tag{5-22}$$

式中，$L_c(j)$ 为工况 j 下的轧辊之间的接触长度；$B(j)$ 为带钢宽度。有害接触区定义为支承辊和工作辊之间接触长度大于带钢接触宽度的部分。有害接触区的存在会产生有害弯矩，造成带钢过大的凸度，还会引起轧辊边部辊间接触压力过高。

理想的支承辊上机辊形应该具有较好的辊形自保持能力，在工作辊服役不同阶段出现不同程度磨损时，辊间接触压力都应该均匀分布。图 5-36 为支承辊辊形设计原理图[104]。

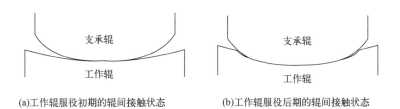

(a)工作辊服役初期的辊间接触状态　　　　(b)工作辊服役后期的辊间接触状态

图 5-36　支承辊辊形设计原理

（2）支承辊上机辊形设计流程

工作辊上机辊形一般磨削成零凸度平辊（R2 工作辊）或负凸度凹辊（精轧机架），工作辊严重磨损一般表现为较深的凹槽形，工作辊出现的严重凹槽形磨损也是造成巨大压力峰值并引起边部应力集中的原因。工作辊在轧制过程中虽然可以产生热凸度，但是在磨损严重的 R2 和精轧下游机架，热凸度值相对于磨损量较小，可以推断工作辊在大部分服役期内处于凹形状态。因此，为了补偿工作辊磨损产生的凹槽形，并根据变接触支承辊设计原理，将支承辊上机辊形设定为带有一定正凸度的辊形。鉴于电工钢热连轧机不同位置轧辊服役条件和磨损变化规律的差异，在支承辊上机辊形设计时需要将粗轧 R2、精轧上游和精轧下游分别进行考虑，但支承辊上机辊形设计原则和设计流程是一致的。如果把支承辊辊身中点设定为笛卡儿坐标系的原点，那么支承辊上机辊形可以表示为：

$$r(x) = a_0 + a_2 x^2 + a_4 x^4 + a_6 x^6 \tag{5-23}$$

为了确定辊形参数 $a_0 \sim a_6$，可通过以下 5 个关键点进行初步确定：

点 A：$(0,\ w(0) - c(0))$

点 B：$(b_1/2,\ a - g(b_1/2))$

点 C：$(b_2/2,\ a - w(b_2/2))$

点 D：$(b_3/2,\ a - w(b_3/2))$

点 E：$(L/2,\ 0)$

其中，$w(0)$ 为工作辊中点磨损量；$c(0)$ 为工作辊中点热凸度值；b_1 和 b_2 分别为最大和最小带钢宽度；b_3 为产量最大的带钢宽度值；$g(b_1/2)$ 为工作辊在距离辊身中点 $b_1/2$ 处的上机辊形磨削量；$a = w(0) - c(0)$；L 为支承辊辊身长度；各个关键点横坐标的单位为 mm，纵坐标的单位为 μm。以上工作辊的磨损量、磨削量和热凸度值等数据均是在典型服役条件下测得的。这样就可以将工作辊的上机辊形、磨损辊形和热凸度考虑到了支承辊的设计中去，以获得工作辊全服役周期内均匀的辊间接触压力。

确定以上 5 个关键点之后，将相邻的关键点用圆弧连接（圆弧的确定方法：先将相邻两个关键点用直线段连接，做线段的垂直平分线，与纵轴交点即为圆心）。圆弧连接后，每隔 10mm 在圆弧上取点。然后使用 MATLAB 等曲线拟合工具进行拟合，可初步得到上机辊形参数值。辊形参数的确定初步确定过程如图 5-37 所示。

初步得到的辊形曲线需要满足辊间接触应力均匀化的条件，以保证上机安全，如果不符合需要则进行辊形参数修正，修正时可从重新选取关键点开始。辊形参数初步确定后需要进行有限元验证，以确保工作辊服役期内辊间接触压力均匀，必要时还要进行带钢凸度的影响分析（支承辊上机辊形对板形的影响不同于支承辊磨损，这一部分内容将在第 6 章进行详细说明）。最终确定的支承辊上机辊形参数如表 5-8 所示。图 5-38 为粗轧 R2 机架支承辊上机新辊形图。

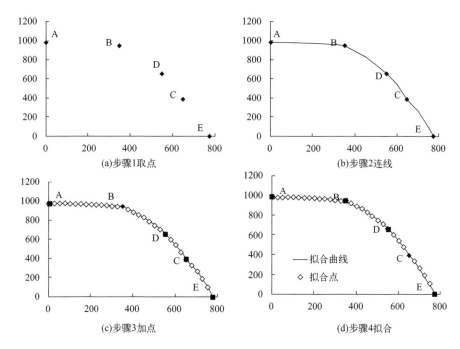

(a)步骤1取点

(b)步骤2连线

(c)步骤3加点

(d)步骤4拟合

图 5-37　支承辊辊形参数初步确定过程

表 5-8　不同机架位置支承辊新上机辊形参数

轧机机组	a_0	a_2	a_4	a_6
粗轧 R2 机架	976	1.67×10^{-4}	-5.09×10^{-9}	3.60×10^{-15}
精轧上游机架	301.1	6.69×10^{-2}	-1.03×10^{-7}	1.38×10^{-12}
精轧下游机架	324.5	1.12×10^{-5}	-1.12×10^{-9}	3.36×10^{-16}

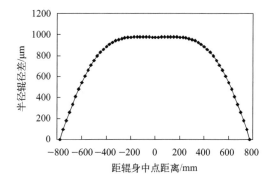

图 5-38　R2 机架支承辊上机新辊形

（3）新辊形有限元验证

在新辊形上机实验前需要对支承辊新上机辊形进行有限元验证，以确保在工作辊服役周期内辊间接触压力分布均匀，并且无明显的应力集中现象。在此仅以粗轧 R2 机架为例进行验证说明。由于工作辊的磨损主要是因与带钢的接触摩擦中产生，工作辊磨损较少且受到支承辊上机辊形变化的影响。在新辊形上机实验前无法获得工作辊磨损数据，因此在有限元计算时，将原来获得的典型工况下工作辊磨损辊形作为仿真工况，计算得到的工作辊不同服役阶段的辊间接触压力分布如图 5-39 所示。

从图中可以看出，支承辊新设计辊形可以使工作辊全服役周期内的辊间接触压力分布均匀，尤其是在工作辊服役中后期严重磨损的情况下，接触压力仍能均匀分布，且在工作辊全服役周期内无应力集中现象存在，符合上机要求，可以进行上机实验。

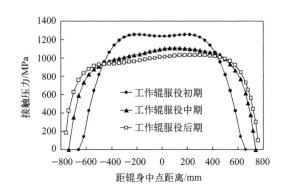

图 5-39　支承辊新上机辊形在工作辊处于不同服役时期内的辊间接触压力分布

（4）上机实验

支承辊新上机辊形实验首先是从精轧上游 F2 机架开始的，然后逐步推广到粗轧 R2 机架和精轧下游机架。新辊形上机实验时需实时跟踪上机使用效果，包括支承辊磨损状况、板形质量、带钢运行状态等情况。因支承辊服役周期长，在换辊或检修期间，需人工检查辊面情况，保证设备安全稳定运行。必须注意的是，上机实验期间应避免工作辊的超期服役。因新辊形上机实验后轧机各项指标正常，首次上机实验就按照支承辊正常服役周期进行，以获取准确的实验数据。支承辊服役期满下机后随即对轧辊表面裂纹进行涡流探伤检测，并使用高精度辊形测量仪对轧辊磨损辊形进行测量。以粗轧 R2 机架支承辊上机实验为例，涡流探伤结果如图 5-40 所示，支承辊服役前后磨削和磨损辊形如图 5-41 所示。从涡流探伤结果来看，支承辊表面裂纹均在安全限值以内，未出现此前经常存在于下机支承辊表面的较大尺寸的裂纹，这说明新辊形对于改善轧辊疲劳具有重要作用。从上机实验前后支承辊磨削和磨损辊形对比可以看出，支承辊下机辊形与上机辊形曲线基本吻合，说明此支承辊辊形具有很好的自保持性，通过计算本次上机实验支承辊的自保持性参数，得到上下辊自保持性分别为 92.4％ 和 90.7％，远远高于此前支承辊自保持性不足 90％ 的水平。

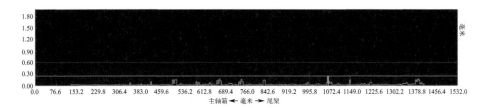

图 5-40　支承辊下机后表面裂纹检测结果

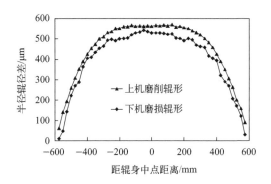

图 5-41　支承辊上机磨削辊形与下机磨损辊形对比

通过计算上机实验上下支承辊百万公里单位磨损量和之前同机架原上机辊形的磨损量，得到如图 5-42 所示的对比图。从图中明显看到，上机实验支承辊单位磨损量明显低于之前的水平，新辊形单位磨损量降低 40％ 以上。由此可知，支承辊新辊形的降低对于降低磨损量，从而降低支承辊辊耗和生产成本将产生重要作用。

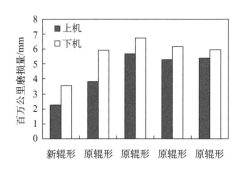

图 5-42　支承辊新上机辊形和原上机辊形服役期内百万公里磨损量

我们还把上机实验中工作辊磨损和之前工作辊磨损进行了对比，对比发现采用不同支承辊上机辊形时工作辊磨损情况变化不一，新辊形并没有明显降低工作辊的磨损，这个情况符合我们的预期，因为工作辊的磨损主要是由与带钢接触摩擦产生的，与支承辊关系不是很大。

(5) 工业应用效果分析

支承辊新辊形上机实验成功后陆续推广到粗轧 R2 和精轧上下游所有机架。新辊形全面应用到电工钢热连轧机后，通过连续跟踪 14 个月的轧辊裂纹、磨损和辊耗数据，发现支承辊新辊形全面应用到该轧机一年多以来，轧辊剥落事故再未发生，轧辊表面裂纹检测结果良好，支承辊不均匀磨损明显改善，轧辊自保持性显著提高。该轧机全部机架原采用常规支承辊辊形时支承辊辊耗偏高，支承辊月平均辊耗为 0.1006kg/t，全面应用新辊形后支承辊月平均辊耗为 0.0733kg/t，比原来下降了 0.0273kg/t，降低了 27.1%。支承辊辊耗的降低有利于延长其使用寿命，由于支承辊价格较高，辊耗的降低对于降低生产成本具有积极作用。工业生产实践表明，该支承辊新辊形具有改善轧辊表面疲劳和磨损的双重作用。

(6) 经济效益

支承辊新辊形的经济效益可从由于避免轧辊剥落而产生的直接经济效益、由于降低辊耗而产生的经济效益和由于减少故障时间而产生的经济效益三方面进行综合评价。

支承辊新辊形未投入使用之前，现场每年因轧辊剥落造成的经济损失为 210 万元。由于改善支承辊磨损使得支承辊辊耗由应用前的 0.1006kg/t 下降为应用后的 0.0733kg/t，年节约支出：172.89（支承辊单价/万元）×（0.1006 − 0.0733）［辊耗降低量/（kg/t）］×3469000（年产量/t）÷37800（支承辊单重/kg）=433.2 万元。由于避免轧辊剥落事故，减少了故障时间，从而增加了轧机生产效率每年产生的经济效益为：0.204 万元/min（平均每分钟轧钢量产生的经济效益）×360min（之前因处理剥落事故平均每年造成的故障时间）=73.4 万元。综上可知，支承辊新上机辊形投入生产后每年节省的经济效益不低于 700 万元。

5.3.2 高速钢工作辊的应用

该电工钢热连轧机原采用高铬铁工作辊，由于现场生产节奏快，服役条件恶劣，高铬铁工作辊服役的精轧机架轧制 1~2 个单位就要进行换辊，不仅造成了巨大的备辊压力，还影响了生产效率。由于高速钢具有良好的硬度、耐磨性、耐热性和耐氧化性，目前已在国内外逐渐推广了其在粗轧和精轧上游机架的应用，但电工钢热连轧机应用高速钢工作辊还鲜有报道。高速钢中添加了大量的 Cr、Mo、W、V 等金属元素，因而具有优良的耐磨耐热和抗裂纹性能。该热连轧机应用的高速钢轧辊由比利时 Marichal Ketin 公司提供，Cr、Mo、W、V、C 的质量含量分别大致为 4.5%、5.6%、3.7%、6.2% 和 1.3%。高铬铁轧辊由国内某轧辊厂生产，含 Cr 量在 16%～19% 之间，含碳量在 2.7% 左右。通过金相显微镜观察了两种轧辊材料的组织如图 5-43 所示。高速钢中的碳化物主要形式为 MC、M_2C 和 M_7C_3，它们弥散分布在马氏体基体内，使其表现出优良的耐磨性。高铬铁中碳化物呈片状分布，且相对分散，主要形式为 Cr_7C_3[105]。

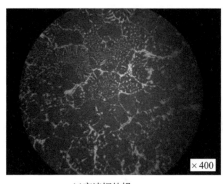 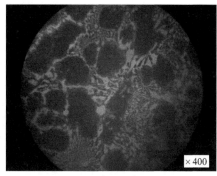

(a)高速钢轧辊　　　　　　　　　　　　　　(b)高铬铁轧辊

图 5-43　轧辊金相组织图

高速钢工作辊首先在精轧上游 F2 机架使用，随后在精轧上游和粗轧 R2 机架推广应用。高速钢工作辊在轧制完一个单位时，轧辊表面生成一层黄褐色的致密氧化膜，测量此时的磨损辊形会发现轧辊没有明显磨损。在连续轧制四个无取向硅钢单位后，高速钢工作辊表面氧化膜仍比较浅，未发生氧化膜脱落现象。高速钢轧辊因导热系数偏高，会使其产生较高的在机热凸度。高速钢轧辊在使用时还需要考虑其表面裂纹扩展问题，一般在硅钢或硅普交叉轧制时，高速钢工作辊服役期为 3～5 个单位，在生产普钢时最高轧制单位不超过 7 个。高速钢轧辊服役周期虽然一般是高铬铁的 2 倍以上，但其磨损并未有明显差别，图 5-44 为同一机架轧制 3 个无取向硅钢单位的高速钢工作辊和轧制 1 个单位的高铬铁工作辊下机磨损辊形对比。可见，虽然该高速钢轧辊服役周期为高铬铁的三倍，但是磨损量与高铬铁相差不大。

此外，通过测量热凸度还可以发现（如图 5-45 所示），高速钢热凸度比高铬铁热凸度略大，因此高速钢轧辊上机辊形可适当调整为稍大的负凸度，以达到补偿在机热凸度、控制带钢凸度的目的。

由于高速钢轧辊服役周期长，因此节约了换辊时间，提高了轧制节奏和生产效率。由于高速钢轧辊具有良好的耐磨性，精轧上游工作辊辊耗明显降低。在精轧上游高速钢工作辊占比达 31% 时，工作辊年辊耗比未使用高速钢时降低

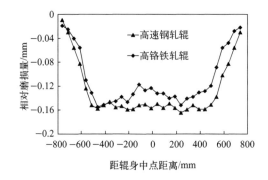

图 5-44　精轧上游高速钢轧辊与高铬铁轧辊下机磨损对比

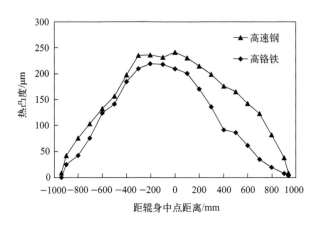

图 5-45　精轧上游高速钢轧辊和高铬铁轧辊热凸度对比

17.8%。另外，高速钢轧辊由于能够保持较好的表面光洁度，轧制过程中带钢的局部高点问题明显改善，带钢表面质量也得到提高，带钢表面局部高点等问题也明显减少。

5.3.3　同宽轧制窜辊策略

轧辊横移也称为窜辊，窜辊的目的主要有：使轧辊磨损均匀，充分利用辊身长度，延长服役周期；对于像 CVC 等连续变凸度辊形来说，窜辊可以提供强大的可变凸度调节能力，满足不同规格带钢对板形控制的需求。应用变凸度辊形技术时各机架窜辊量一般按板形控制目标需求确定，与各机架弯辊力设定计算过程类似，而常规曲线辊形窜辊策略的制定目前缺乏实用的理论依据，大多还处于经验给定参数阶段。常规凸度工作辊窜辊策略主要包含窜辊步长 t_s、窜辊行程 k_s 和窜辊频率 f_s 三个参数。t_s 指每次的窜辊量，k_s 指往操作侧或传动侧窜辊的最大值，f_s 指相邻多少块带钢进行窜辊设定计算。按窜辊策略参数在轧制周期内是否变化可分为等参数窜辊策略和变参数窜辊策略。采用常规凸度的电工钢热连轧机精轧机，各机架工作辊窜辊的主要目的是均匀化工作辊磨损，以避免带钢边部对工作辊造成过度严重磨损，影响轧辊服役周期和带钢产品质量。该热连轧机窜辊策略简单，为等步长恒行程往复窜辊模式。精轧机工作辊窜辊行程为100mm，并未达到可以达到的最大窜辊行程150mm，这主要是考虑到窜辊继续增大时对板形控制的不利影响。一般情况下，窜辊行程在一个轧制周期内保持基本不变，所有机架窜辊值的绝对值大小相同或相近，上下工作辊窜辊方向相反，F1、F3、F5 和 F7 机架上工作辊窜辊方向和窜辊值设定相同，F2、F4 和 F6 机架设定相同，即相邻机架上工作辊窜辊量互为相反数（向相反方向窜动），窜辊步长为（10±1）mm，在一个轧制周期内，窜辊值变化呈折线形式，一个轧制周期结束后，进行下一个轧制单位轧制时将所有机架工作辊窜辊归为零位，如图 5-46 所示。图中所标示的 A 点即为工作辊新轧制单位开始点，可以看出，A点之前这个单位轧制带钢为 71 块。

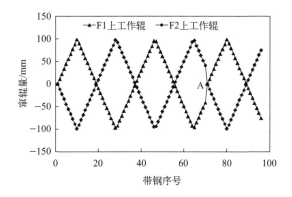

图 5-46　精轧工作辊窜辊策略

如图 5-47 所示，工作辊在不同窜辊位置时，工作辊辊身与带钢接触段的位置是不同的。根据辊身长度范围内与带钢的接触频率，图中标示了恒接触段、经常接触段和一般接触段，除此之外的辊身长度不与带钢接触。恒接触段即为工作辊，不管如何窜辊，辊身都会与带钢接触的长度，这个长度是由带钢宽度和窜辊形成两个因素决定的；经常接触段是窜辊时带钢与经常接触的长度；一般接触段只发生在带钢正窜或负窜的情况下。在等步长恒行程的折线往复窜辊模式下，一个典型轧制单位内分别轧制典型宽度带钢时工作辊与带钢的接触频数可用图 5-48表示。考虑到窜辊的对称性，将工作辊辊身中点设置为零点，图中一点对应的横坐标为工作辊辊身与带钢接触的长度范围，纵坐标表示该辊身长度范围轧制单位内与带钢接触块数，如最左侧的点表示恒接触段的辊身长度范围，最右侧的点表示窜辊极限时工作辊与带钢接触范围。从该图可以看出，超过恒接触段后，越远离辊身中点，工作辊辊身与带钢接触的频率也越低，这也说明了这种窜辊模式下工作辊辊身长度没有得到充分利用。这种简单的等步长恒行程折线往复窜辊模式并未考虑轧制单位内宽度变化对轧辊磨损的影响。由于电工钢宽度规格较为单一，同宽轧制现象突出，这种窜辊方式未发挥工作辊辊身长度，继而造成工作辊磨损严重，并影响到轧制中后期的板形质量。因此，有必要对同宽轧制工况下的窜辊策略进行优化，以充分发挥工作辊辊身长度，减轻和分散工作辊磨损，提高工作辊服役期内板形控制能力。

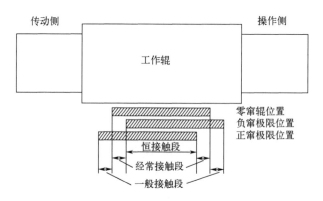

图 5-47 不同窜辊量时工作辊与带钢相对位置示意图

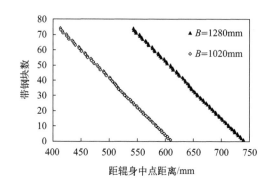

图 5-48 一个轧制单位内工作辊长度范围与带钢接触块数统计

为充分发挥工作辊辊身长度，尽可能使轧辊磨损均匀，就必须打破常规等步长窜辊模式。从图 5-47、图 5-48 可以看出，除了恒接触段外，距离越远，工作辊辊身与带钢接触的频率越小。为了使工作辊两边得到充分发挥，就必须采用变步长的窜辊方式，使工作辊在轧制中心线附近的窜辊量大，越往两边窜辊量越小，这样就使带钢与工作边部接触的频率增加。由于正弦曲线上的点具有纵坐标绝对值越大，该点处切线斜率越小的特点，并且正弦曲线也是往复循环的形式，根据正弦曲线的这些特点，在此给出了新的同宽轧制下的工作辊的窜辊策略为：

$$S_{ft}(n) = k_s \sin\left[\frac{2\pi}{\dfrac{N_s}{2}}(n-1)\right] \qquad (5\text{-}24)$$

或

$$S_{ft}(n) = k_s \sin\left[\frac{4\pi}{N_s}(n-1)\right] \qquad (5\text{-}25)$$

式中，$S_{ft}(n)$ 为轧制第 n 块带钢时的位置，n 为轧制单位内带钢序号，从 1 开始；k_s 为窜辊行程，即工作辊最大正或负窜辊量；N_s 为轧制单位内带钢块数，轧制第 n 块带钢时的窜辊量为 $S_{ft}(n) - S_{ft}(n-1)$。这里窜辊行程为 100mm，一个单位内带钢块数设置为 74，则上述窜辊公式可以表达为图 5-49 所示的形式。

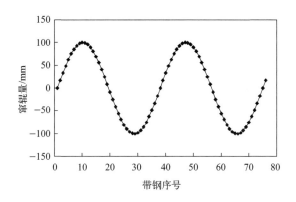

图 5-49　工作辊正弦形式窜辊策略

通过以上正弦形式的窜辊策略，就可以增加工作辊边部与带钢的接触次数，从而可以起到均匀化工作辊磨损的作用。通过精轧下游工作辊预报模型的计算，并减去预报偏差，可以得到较为真实的该正弦窜辊策略与原折线窜辊策略下精轧下游工作辊下机磨损辊形对比，如图 5-50 所示。从图中可以看出，正弦窜辊策略可以分散工作辊中部的磨损，对于充分发挥工作辊辊身长度、均匀化工作辊磨损具有重要的理论意义和应用价值。

5.3.4　轧制润滑的使用

润滑轧制可以在轧辊表面形成一层润滑油膜，降低轧辊和轧件的摩擦系数，从而使轧制力降低。摩擦系数和轧制力的降低对于改善轧辊磨损都有积极作用，还可以减少电能消耗。此外，轧制润滑的使用还可以改善轧辊和带钢的表面状况，特别是对于提高带钢表面质量，其效果明显。考虑到轧制油成本的原因，现场不可能生产所有带钢都使用润滑轧制。根据实际需要，在生产薄规格和对表面

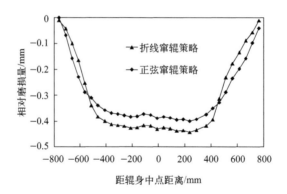

图 5-50　正弦窜辊策略和折线窜辊策略精轧下游工作辊磨损辊形对比

质量要求较高的电工钢板时，才会在精轧上游 F2 或 F3 机架使用润滑轧制。

图 5-51 为现场使用轧制润滑前后轧制力变化趋势。从图中可以看出，轧制润滑对于降低轧制力的作用十分明显。现场使用轧制润滑前后，轧制力从之前约 1780t 降低约 1450t，降幅高达 18.5%。使用轧制润滑后，轧辊表面润滑油膜的作用，改善了轧辊表面的氧化状况，图 5-52 为未使用轧制润滑和使用轧制润滑的情况下工作辊下机后辊面状况图。从图中可以看出，未使用轧制润滑时，工作辊下机后辊面有一层黄褐色的氧化铁皮，辊面氧化严重。使用轧制润滑后，工作辊表面氧化得到显著改善，同时轧辊表面氧化的改善还减轻了氧化磨损。

综上所述，润滑轧制主要从三个方面来改善轧辊磨损：一是润滑轧制降低了摩擦系数和磨损系数；二是润滑轧制降低了轧制力，也就减轻了外载荷对磨损的影响；三是润滑轧制减轻了轧辊氧化作用，从而减轻了氧化磨损的发生。当然，轧制润滑的这些作用对于缓解疲劳也有非常积极的作用。现场应用表明，使用轧制润滑后，轧制同样单位的电工钢，工作辊磨损量降低 30% 以上，未使用轧制

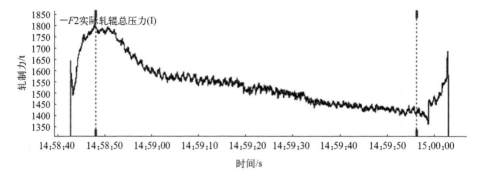

图 5-51　使用轧制润滑前后轧制力变化趋势

图 5-52　轧制润滑使用前后工作辊下机后的辊面状况

润滑时工作辊服役一个单位后需要换辊，使用轧制润滑后可以保证轧制 2 个单位甚至 3 个单位，从而延长了轧辊的服役时间。

5.4　本章小结

本章的主要结论如下。

① 电工钢热连轧机工作辊磨损严重，尤其是粗轧 R2 机架工作辊和精轧下游工作辊磨损表现出深凹槽形磨损特征，支承辊自保持性差。以现场轧辊磨损和工艺参数为基础，建立了同宽轧制条件下工作辊磨损模型，对于预测工作辊磨损具有较高的精度。工作辊表面与带钢直接作用，工作辊磨损势必对带钢板形产生影响，通过有限元仿真分析，分别研究了粗轧 R2 机架、精轧上游和精轧下游机架工作辊磨损对辊缝凸度的影响规律。

② 电工钢热连轧机频繁发生的轧辊剥落，特别是支承辊剥落问题严重影响了电工钢的正常稳定生产。通过对轧辊表面裂纹检测、剥落断口分析和应力分析计算，指出接触应力在轧辊表面应力中起主导作用。利用有限元模型计算了工作辊和支承辊全服役周期内的辊间接触应力的分布情况，发现轧辊磨损，特别是工作辊磨损会引起应力分布的严重不均，造成巨大的应力尖峰。接触应力尖峰长期存在于轧辊边部，接触应力尖峰存在的位置与涡流检测时常发现的大裂纹的位置和剥落断口存在的位置是吻合的，这就印证了接触应力尖峰与疲劳剥落有直接联系。分析指出，轧辊两端长期存在的应力尖峰值会加快轧辊疲劳裂纹的扩展，由于支承辊服役时间长，剥落也就最有可能发生在支承辊表面。

③ 轧辊表明存在的微凸体和局部高点等微观特征也会引发接触疲劳。通过建立的微凸体弹塑性接触模型，研究了在不同单位轧制力作用下的接触应力、弹塑性应变和接触半径的变化规律，指出了微凸体变形与轧辊表面疲劳之间的关联，为疲劳层磨削深度提供了重要的理论依据。

④ 本书提出了适应工作辊磨损的支承辊辊形的设计方法，该辊形可以在工

作辊处于不同磨损时期时使辊间接触应力均匀，避免了应力集中现象，工业应用表明其对改善支承辊磨损、提高支承辊自保持性和预防轧辊剥落具有明显效果。高速钢工作辊应用到电工钢热连轧机后，服役时间明显增长，轧制效率得到提高，轧辊磨损得到改善。等步长折线形式的往复循环窜辊模式已经不能适应同宽轧制生产的需要，根据该轧机大量同宽轧制的特点，制定了适应同宽轧制的精轧工作辊换辊策略，理论研究表明，该换辊策略对于改善工作辊磨损具有较大优势；电工钢热连轧机润滑轧制的工业实验表明，润滑轧制使用后轧制力可以降低18％，对于改善工作辊辊面氧化和磨损，改善带钢表面质量效果显著。

6

热连轧机板形调节策略与工业应用

本章 6.1～6.3 节所述内容基于 1580 热连轧机开展，6.4～6.5 节基于 2050 热连轧机开展。主要讨论电工钢、深冲钢等先进钢铁材料板形控制策略及现场实践效果。

当前受用户需求等因素影响，热连轧机生产中存在大量同宽轧制特征，且还存在精轧出口厚度薄、轧件材料力学行为复杂多变等特点，板形控制手段稍有不当就会引发凸度控制不达标、猫耳板廓及浪形等缺陷。为了更好满足大量同宽薄板生产中对板形质量的要求，在前面对轧制过程变形行为和磨损剥落控制研究的基础上，通过实测带钢横截面板廓和分析轧制工艺参数，指出了凸度和平坦度控制原则，设计了适应板形控制高要求的工作辊变凸度辊形，对支承辊辊形和边部倒角进行改进设计并成功上机应用。本章还介绍了目标凸度和入口计算凸度的调节方法、轧制过程温度控制要点等。本章内容为提高先进钢铁材料宽幅薄板热轧板形质量提供了理论依据和技术支撑。

6.1 板形调控原则

6.1.1 板形基础理论与基本控制策略

板形控制技术的发展，促使人们对板形理论进行系统深入的研究，其目的是揭示各种影响因素与板形之间关系，以便能准确地预测、设定和控制板形。近几十年来，国内外学者在板形理论方面取得了很大进展。

(1) 凸度和平坦度的转化[106]

作为衡量带钢板形的两个最主要的指标，凸度与平坦度（平直度）不是孤立的两个方面，它们相互依存，相互转化，共同决定了带钢的板形质量。带钢的比例凸度和平坦度之间可以相互转化,如图 6-1 所示。比例凸度定义为带钢的凸度与厚度的比值。

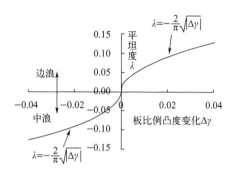

图 6-1 平坦度与比例凸度的转化关系

带钢比例凸度的变化 $\Delta\gamma$ 定义为入口比例凸度与出口比例凸度的差值,比例凸度的变化会引起平坦度 λ 的改变,它们之间存在的关系可以表达为:

$$\lambda = \pm \frac{2}{\pi}\sqrt{|\Delta\gamma|} \tag{6-1}$$

(2) 板形良好判据[48, 107, 108]

由式 (6-1) 可见,带钢平坦度良好 ($\lambda \to 0$) 的必要条件是 $\Delta\gamma \to 0$,也就是带钢在轧制前后比例凸度保持恒定,即:

$$\Delta\gamma = \frac{c_1}{h_1} - \frac{c_2}{h_2} = 0 \tag{6-2}$$

或
$$\frac{c_1}{c_2} \times \frac{h_2}{h_1} = 1 \tag{6-3}$$

式中,c_1 为入口凸度;h_1 为入口厚度;c_2 为出口凸度;h_2 为出口厚度。

需要指出的是,式 (6-1) ~式 (6-3) 是在不考虑带钢横向金属流动情况下得出的结论。在热轧生产中尤其是粗轧或者轧制较厚带钢的精轧机组的上游机架,带钢厚度大,金属在轧制过程中容易发生横向流动。因此,比例凸度可以在一定范围内波动而平坦度也可以保持良好。通常的平坦度死区由以下判别式给出:

$$-80\left(\frac{h_2}{w}\right)^\xi < \Delta\gamma < 40\left(\frac{h_2}{w}\right)^\xi \tag{6-4}$$

式中,ξ 为临界系数,一般认为它与材料属性有很大关系;w 为带钢宽度。Shohet 等人利用大量热轧实验得出数据,得出了 $\xi = 2$;Somers 等人的研究将这一数值缩小到 1.86。还有一些学者通过大量的实验研究得出了不同的 ξ 值,但都在小于 2 的较小区间内。一般认为,带钢比例凸度的变化满足上式关系时,带钢平坦度良好。在热轧中，上式的关系可以用图 6-2 来清晰地表达。从图中可以看出，随着带钢厚度的减小，带钢平坦度死区越来越狭窄，因此带钢的平坦度越来越难以控制。对于轧制薄规格的带钢，就容易出现板形缺陷。

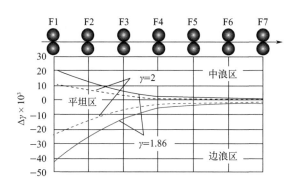

图 6-2　带钢平坦度死区

6.1.2　凸度控制原则

根据式（6-4），分别计算出宽度为 1280mm、各机架厚度已知的无取向电工钢 50W1300 和热轧商品材钢 SPHC 的平直度死区，如图 6-3 所示。图 6-3（a）为全部机架平坦度死区图，为了获得清晰的精轧下游的情况，在图 6-3（b）中特别将下游平坦度死区绘出。从图中可以看出，无取向电工钢平坦度死区比普钢商品材要窄，因此电工钢凸度控制需更加严格才能保证板形良好。

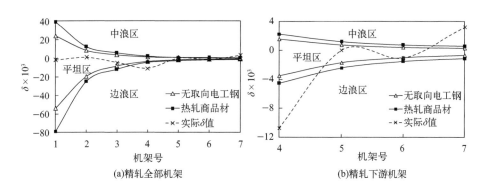

图 6-3　无取向电工钢和热轧商品材各机架比例凸度控制范围

利用现场测得的中间坯的数据，通过计算比例凸度变化量 δ，放入图 6-3 可得到虚线所示的现场实际比例凸度变化量 δ 的变化趋势。从图中可以看出，现场实际生产中，在精轧上游和下游过渡的 F3 和 F4 两个机架，由于没有控制好比例凸度，在 F4 机架将会出现边浪，这就解释了现场经常在 F4 机架出现双边浪的现象；由于上游凸度控制不理想，给精轧 F7 机架带来了过大的凸度控制压力，易引发中间浪缺陷。

如果已经确定精轧 F7 出口应该获得的带钢的目标凸度，根据式（6-4），可以写成带钢入口凸度的表达形式，即为保证板形平坦度良好时，带钢入口凸度需满足下式：

$$-80\left(\frac{h_2}{w}\right)^a h_1 + \frac{h_1 c_2}{h_2} < c_1 < 40\left(\frac{h_2}{w}\right)^b h_1 + \frac{h_1 c_2}{h_2} \qquad (6-5)$$

由上式可知，只要给出想要获得的带钢目标凸度值（F7 机架出口凸度）和各机架厚度变化，就能由上式推得在保证板形平坦度良好时各机架入口凸度的控制范围。比如，同样想要得到 $45\mu m$ 的最终凸度值，计算得出无取向电工钢和热轧商品材钢轧制单位各机架入口凸度，由此得到图 6-4。由图可知，由入口凸度决定的平坦度死区范围与由比例凸度计算得到的平坦度死区（图 6-3）趋势基本一致。

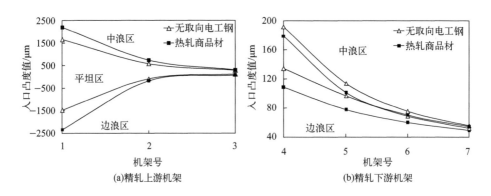

图 6-4　带钢板形保持良好时的入口凸度控制范围

从图中可以看出，要想获得最终理想的带钢凸度，无取向电工钢各机架入口凸度控制范围比普钢要小。无论是普钢商品材还是电工钢，粗轧来料凸度允许变化的范围很大，通过我们在现场对粗轧中间坯测试结果来看，粗轧出口带钢凸度一般不超过 $600\mu m$，这一凸度在精轧机架板形控制范围之内，不会对精轧机架带来板形控制的困难。随着带钢厚度的减小，为保证良好的平坦度，对入口凸度的要求也越来越严格，无取向电工钢相比普钢则更为苛刻。理想的入口凸度变化范围从精轧下游 F4 机架开始急剧减小，普钢凸度可调范围从 F3 机架的 $236.8\mu m$ 降为 F4 机架的 $60.5\mu m$，同时无取向电工钢在 F3 机架还有 $171.8\mu m$ 的变动范围，而到 F4 机架锐减到 $57.3\mu m$。F5～F7 机架理想入口凸度的变化空间降低更明显，普钢分别 $19.1\mu m$、$8.6\mu m$ 和 $5.0\mu m$，而无取向电工钢在这三个机架的理想入口凸度变化范围分别为 $17.3\mu m$、$6.7\mu m$ 和 $3.5\mu m$，比普钢分别低 9.4%、22.1% 和 30.0%。如果要使获得的最终成品带钢的凸度更小，则理想入口凸度变动的空间也应变得更小。由凸度控制范围可见，无取向电工钢和热轧商品材的凸度控制可从上游 F1～F3 机架扩大到 F4 机架，而无取向电工钢在精轧下游机架几乎是等比例凸度轧制才能满足凸度和平坦度要求，这也就解释了无取向电工钢中易发生的中浪和边浪问题。要解决浪形不易控制和凸度偏小的问题，必须从全机架凸度控制上综合考虑，在主要承担凸度控制任务的上游机架，可适当增大工作辊凸度控制能力，精轧下游机架则以等比例凸度轧制的原则设计工作辊辊形。

6.2 新型变凸度工作辊辊形及其效果评价

6.2.1 辊形技术的发展

辊形是影响带钢板形和表面质量最直接的因素，尤其是工作辊的辊形对带钢板形和表面形貌的形成具有类似"复印"的作用，支承辊的辊形则通过接触压力的分布改变工作辊辊缝形状，进而达到控制板形的目的。正因为辊形对带钢板形质量有重要影响，近年来兴起了很多辊形技术，如连续变凸度辊形（CVC）技术、SmartCrown 辊形技术、可变凸度支承辊（VC）技术、动态板形轧辊（DSR）技术、变接触支承辊（VCR）技术、非对称自补偿工作辊（ASR）技术和阶梯辊技术等。这些辊形技术各有自己的特点，它们的性能也有所差别。

(1) CVC 辊形

自 1982 年德国西马克（SMS）公司成功研制了连续可变凸度的 CVC（continuously variable crown）技术以来，这一技术得到迅速推广，CVC 技术对后续辊形技术发展具有深远影响。CVC 技术（如图 6-5 所示）是一种采用双向移动支承辊、中间辊或者移动工作辊的方式调节辊缝形状，来控制带钢凸度的技术，它能最大限度地保证轧机的辊缝形状与轧件的板形保持相似，扩大平坦度控制能力。连续可变凸度的轧辊对轧制各种板宽、各种板厚和各种不同来料凸度的带钢，在各种辊温分布的情况下，都能顺利进行平坦度控制。CVC 技术也是现代板带轧机的主要机型之一[109]。CVC 技术产生后，各国学者对其设计、改进和性能评价也掀起了高潮。Chen、Tieu 等人[110]利用轴向力最小化的方法开发出了三次 CVC 曲线，Jiang 等人[111]开发出了五次 CVC 辊形曲线，何伟[112]和李洪波[113]分别提出了一种五次 CVC 曲线的设计方法，证明了其对高次浪形具有很好的调节能力。

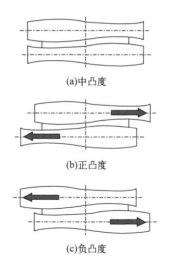

(a)中凸度

(b)正凸度

(c)负凸度

图 6-5　CVC 辊形凸度控制示意图

(2) SmartCrown 辊形

与 CVC 辊形类似，SmartCrown 技术也是一种连续变凸度技术。他们的技术原理与非常相似，两种系统都是利用工作辊横向窜辊来调节无载和有载辊缝形状以将期望的凸度传递给带钢。李洪波等人[114]总结对比了三次 CVC、五次 CVC 和 SmartCrown 的调控性能，发现三次 CVC 辊形线不具备四次凸度控制能力，五次 CVC 辊形与 SmartCrown 辊形曲线具备四次凸度控制能力，五次 CVC 辊形的设计更为灵活，四次凸度控制能力可以任意设计调整，而 SmartCrown 曲线的四次凸度控制能力受参数条件限制；现场实际辊形设计过程中要根据四次浪形的控制需要合理选择参数（五次 CVC 辊形或 SmartCrown 辊形）。

(3) ASR 辊形

ASR 非对称自补偿技术是利用辊型和窜辊的非对称性来改变工作辊的磨损，改善辊缝的非对称性。它的基本原理是根据轧制过程中工作辊的磨损规律，通过特殊的 ASR 辊形配置，配合特定的窜辊策略，使工作辊的磨损形式由"U"型磨损变为"L"型磨损，打开箱型磨损的一个边，使轧件始终处于辊形平坦的区域内轧制，同时结合工作辊强力弯辊以保证承载辊缝形状的正常可控[73]。ASR 在解决因严重凹槽形磨损带来的凸度偏大的同时，对于实现自由规程轧制、扩大轧制单位具有重要意义，在现场应用取得了显著的效果，尤其在无取向电工钢生产中得到十分成功的应用，大大降低了无取向电工钢的凸度，并稳定扩大了轧制单位[74]。

(4) VCR 辊形

VCR 变接触支持辊辊形设计应该主要考虑减少有害接触区和促进辊间接触

压力均匀化的原则，其技术原理是通过特殊设计的支持辊辊廓曲线，根据辊系弹性变形的特性，使支持辊与工作辊之间的接触线长度与轧制宽度自动适应，即轧制不同宽度的带钢时，辊间接触长度与带钢宽度大致相等，从而减少或消除辊间有害接触区的影响，减小辊缝区的挠曲变形，达到降低辊缝凸度、增强辊缝刚度的效果。这样可以缓解支持辊表面受力不均的现象，减少并均匀化轧制过程中的磨损，减少辊面剥落，延长换辊周期，从而降低成本，提高生产效率；同时，VCR 支持辊具有较好的辊形自保持性，有利于改善轧机板形控制性能，提高带钢轧制的稳定性，在 VCR 辊廓曲线下，弯辊力可以发挥更大的作用，从而增大辊缝的调节柔性，使轧机具有"刚性辊缝"和"柔性辊缝"的双重功能[73]。

表 6-1 所示为几种典型辊形技术的表达形式。辊形设计的过程也就是求解辊形参数的过程。辊形设计过程中要考虑的因素主要有凸度调节域和接触压力分布等因素。

表 6-1　几种辊形曲线表达形式

辊形名称	表达形式
三次 CVC	$y_{t0}(x) = R_0 + a_1 x + a_2 x^2 + a_3 x^3$
五次 CVC	$y_{t0}(x) = R_0 + a_1 x + a_2 x^2 + a_3 x^3 + a_4 x^4 + a_5 x^5$
SmartCrown	$y_{t0}(x) = R_0 + a_1 \sin\left[\frac{\pi\alpha}{90L}(x - s_0)\right] + a_2 x$
VCR	$y_{t0}(x) = R_0 + a_2\left(x - \frac{L}{2}\right)^2 + a_4\left(x - \frac{L}{2}\right)^4 + a_6\left(x - \frac{L}{2}\right)^6$

注：式中 R_0 为轧辊名义半径；x 为轧辊轴向坐标；s_0、a_i（$i = 1, 2, \cdots, 6$）为辊形系数；α 为形状角。表中三次 CVC、五次 CVC、SmartCrown 均为上辊表达形式。

6.2.2　新型变凸度工作辊辊形开发

工作辊辊形被认为是调节带钢板形最有效的手段之一。近年来，轧辊辊形技术层出不穷。由于变凸度工作辊辊形在轧辊横移的配合下具有较高的板形控制能力，因此变凸度工作辊辊形技术不断在热、冷连轧机上得到推广应用。对于电工钢热连轧机来说，由于电工钢精轧出口厚度薄，平坦度死区较窄，常规凸度工作辊已经很难对其进行精确的板形控制，因此有必要针对电工钢生产特点，研发使用新型变凸度工作辊辊形，以适应电工钢薄板板形控制需要，提高板形控制水平和精度。

我们在这里开发了 UVC 辊形技术，该技术通过分段函数的形式构造变凸度辊形曲线，即在工作辊辊形中部采用三次多项式函数，而在辊形边部采用三次多项式函数与正弦函数叠加的形式。通过正弦函数的叠加，使轧机凸度调控能力随带钢宽度减小，在轧机要求的宽度范围内下降趋势放缓；辊形中部仍采用三次多项式函数，能保证辊缝在最小轧制宽度区间内平滑且呈二次函数分布，其凸度控制能力与窜辊量依然保持呈线性关系，最终通过辊形的设计，增强宽带钢热连轧机的整体板形调控能力。以上辊为例，UVC辊形曲线可通过下式表示：

$$
y_{t0}(x) = \begin{cases} a_1 x + a_2 x^2 + a_3 x^3 + a_4 \left\{ \sin\left[\dfrac{4\pi}{L}(x - L/2)\right] + 1 \right\}, & 0 \leqslant x \leqslant 3L/8 \\ a_1 x + a_2 x^2 + a_3 x^3, & 3L/8 \leqslant x \leqslant 5L/8 \\ a_1 x + a_2 x^2 + a_3 x^3 + a_4 \left\{ \sin\left[\dfrac{4\pi}{L}(x - L/2)\right] - 1 \right\}, & 5L/8 \leqslant x \leqslant L \end{cases}
$$

$$(6\text{-}6)$$

式中，a_1、a_2、a_3、a_4 为辊形系数，其中 a_4 与四次凸度有关；L 为工作辊辊身长度，mm；x 为距离辊身操作侧距离，mm。

由该辊形表达形式可以计算得到，该辊形的辊缝二次凸度 C_w 和四次凸度 C_h 随窜辊 s 的变化关系为：

$$
\begin{aligned}
C_w &= g\left(\frac{L}{2}\right) - g(0) \\
&= \frac{1}{2} a_2 L^2 + \frac{3}{4} a_3 L^3 - \frac{3}{2} a_3 L^2 s - 2 a_4 \sin\left(\frac{4\pi}{L} s\right)
\end{aligned}
$$

$$(6\text{-}7)$$

$$
\begin{aligned}
C_h &= g\left(\frac{L}{4}\right) - \frac{3}{4} g\left(\frac{L}{2}\right) - \frac{1}{4} g(0) \\
&= -\frac{5}{2} a_4 \sin\left(\frac{4\pi}{L} s\right)
\end{aligned}
$$

$$(6\text{-}8)$$

可以看出，该辊形的辊缝名义二次凸度 C_w 和 a_2、a_3、a_4 有关，四次凸度 C_h 仅与辊形参数中的 a_4 有关。

辊形的设计过程即为辊形参数的确定过程。在轧机确定的情况下，工作辊设计长度 L 和窜辊极限 s_m 是已知的，在给定辊缝凸度调节范围 $[C_1, C_2]$ 后，可以得到参数 C_1 和 C_2 的表达式：

$$
C_1 = \frac{1}{2} a_2 L^2 + \frac{3}{4} a_3 L^3 - \frac{3}{2} a_3 L^2 s_m - 2 a_4 \sin\left(\frac{4\pi}{L} s_m\right)
$$

$$(6\text{-}9)$$

$$
C_2 = \frac{1}{2} a_2 L^2 + \frac{3}{4} a_3 L^3 - \frac{3}{2} a_3 L^2 (-s_m) - 2 a_4 \sin\left[\frac{4\pi}{L}(-s_m)\right]
$$

$$(6\text{-}10)$$

为了满足辊形设计方法中的空载辊缝凸度调控能力与带钢宽度关系的要求，在辊形参数的求解过程中还需加入一个关系式。满足上述要求的辊缝凸度调控能力与带钢宽度的关系如图6-6所示，图中 O 为坐标系的原点，OD 为抛物线，DF 为直线，两线在 D 点相切。OC 长度一般取最小轧制宽度 b，OE 长度为 OC 的2倍，即长为 $2b$。按抛物线 OD 几何关系计算得到 OA 的长度 $\Delta C_{w_1} = ab^2$，式中 a

为抛物线系数，ΔC_{w_1} 为对宽度为 b 的带钢的凸度调控能力。由于直线 DF 与抛物线 OD 在 D 点相切，可求得直线 DF 的斜率为 $2ab$，由此可以求出 OB 段的长度为 $\Delta C_{w_2} = 3ab^2$。那么，可知 $\Delta C_{w_2} = 3\Delta C_{w_1}$。

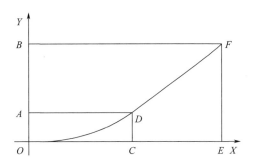

图 6-6   辊缝凸度调控能力与带钢宽度的关系

为了满足凸度调控能力要求，辊形函数还应该满足：

$$\Delta C_{wB_2} = k\,\Delta C_{wB_1} \tag{6-11}$$

式中，ΔC_{wB_1} 为带宽为 B_1 时的凸度调控能力；ΔC_{wB_2} 为带宽为 $B_1 + B_2$ 时的凸度调控能力，B_1 取为 $\dfrac{L}{4} + 2s_m$，$B_2 = 2B_1$；结合以上推导及对辊形函数的分析，曲线 OD 近似为抛物线，k 取为 3.1～3.2。

得到关于 a_3 和 a_4 的关系式为：

$$3a_3 B_2{}^2 s_m + 4a_4 \sin\left(\frac{4\pi}{L}s_m\right)\cos\left(\frac{2\pi B_2}{L}\right) -$$
$$k\left[3a_3 B_1{}^2 s_m + 4a_4 \sin\left(\frac{4\pi}{L}s_m\right)\cos\left(\frac{2\pi B_1}{L}\right)\right] = 0 \tag{6-12}$$

再根据指定位置 $\dfrac{L}{2} + \dfrac{B_0}{2}$ 和 $\dfrac{L}{2} - \dfrac{B_0}{2}$ 处辊形高度相等原则，其中 B_0 一般取轧辊设计长度 L 的 70%，可得到关于 a_1、a_2、a_3、a_4 的关系式：

$$y\left(\frac{L}{2} + \frac{B_0}{2}\right) - y\left(\frac{L}{2} - \frac{B_0}{2}\right) = 0 \tag{6-13}$$

根据以上关系式，即可得辊形参数 a_1、a_2、a_3、a_4。

6.2.3   板形调控效果分析

该热连轧机工作辊窜辊行程为 ± 150mm，工作辊辊身长度为 1880mm，设计辊缝二次凸度调控能力为 $[-0.5, 0.5]$mm。结合 UVC 辊形设计方法，得到的 UVC 辊形曲线如图 6-7 所示。从外形来看，UVC 辊形和 CVC 辊形曲线一样，也是 "S" 形变凸度辊形，其区别在于辊形设计方法和板形调节能力。

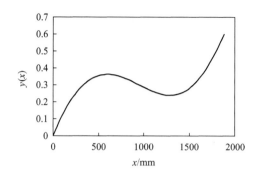

图 6-7　UVC 辊形曲线

　　在不同宽度下的凸度调控特性如图 6-8 所示，可以看出，UVC 辊形形成的辊缝凸度与窜辊位置很好地保持了线性关系，这对于现场板形控制来说十分方便。UVC 辊形与三次 CVC 辊形在不同宽度下的辊缝凸度调控功效对比如下图 6-9 所示。从图中可以看出，UVC 对较窄带钢的凸度调控能力也较强，从而对于宽窄带钢都具有较好的板形调控效果。

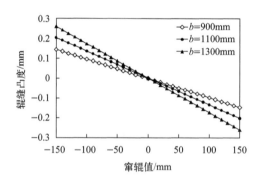

图 6-8　对不同宽度带钢的凸度调节能力

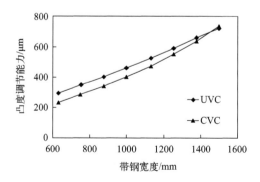

图 6-9　凸度调控能力随带钢宽度变化趋势

6.3 变接触支承辊的板形控制效果

6.3.1 辊形设计原则

变接触支承辊（VCR）辊形可以在轧制力的作用下自动调节支承辊和工作辊之间的接触长度，使辊间接触段长度和带钢宽度相适应，从而达到消除边部有害接触区，均匀化辊间接触压力，避免轧辊剥落和降低带钢边降的目的。变接触支承辊上机应用后可以使支承辊磨损均匀，提高支承辊自保持性。本书将变接触支承辊技术推广应用到 1580mm 热连轧机，并根据该轧机轧辊磨损等服役特点，拓展了变接触支承辊的设计思路和设计方法，解决了严重困扰电工钢热连轧的轧辊频繁剥落问题。

变接触支承辊通过改变工作辊和支承辊之间的接触状态，进而改变工作辊的弹性变形，对于精轧工作辊来说将会改变弯辊力作用效果，从而间接改变板形作用效果。因此，变接触支承辊在使用时必须考虑到其对板形的影响。第5章提到了支承辊辊形设计的两个原则，一个是接触压力分布均匀化，另一个是减小有害接触区。考虑到对板形调节的作用，支承辊辊形在设计时还应坚持不降低辊缝刚度和不降低板形调节效果特别是弯辊力作用效果的原则。而事实上，以高次多项式为表达形式，辊身长度区间内为凸函数，中间平坦两边平滑降低的变接触支承辊辊形，恰恰具有增强辊缝横向刚度，增强弯辊力调控效果，降低辊缝凸度的作用。在支承辊辊形设计完成之后，需要对其板形调节作用效果进行有限元仿真验证，确保板形调节效果不因支承辊辊形的使用而降低，然后方可进行上机实验并逐步推广应用。

此外，对于热连轧机全流程来说，支承辊辊形的凸度应坚持从粗轧到精轧上游再到精轧下游依次减小的原则。这一原则主要是基于两方面的考虑：其一是粗轧工作辊磨损量大，支承辊设计主要从辊间接触压力分布均匀出发，一定凸度的支承辊辊形对于降低接触压力不均匀分布和降低带钢凸度都有较好的效果；其二是精轧下游支承辊凸度过大不利于辊缝凸度的稳定控制，辊形设计时应考虑到对带钢板形的影响。该电工钢热连轧机最后确定的配合常规凸度工作辊使用的支承辊变接触辊形如图 6-10 所示。

6.3.2 板形调控能力分析

支承辊新辊形在上机应用前必须进行有限元验证，对新旧辊形的板形调控能力进行对比分析，以确保新辊形不会降低板形控制效果，避免上机出现板形质量恶化的现象。

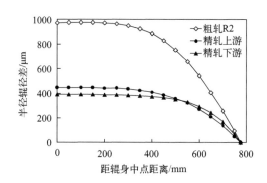

图 6-10 粗轧 R2 机架、精轧上游和精轧下游机架变接触支承辊辊形曲线

(1) 粗轧机架变接触支承辊辊形对板形的影响

支承辊分别采用原始常规平辊和变凸度新辊形，单位轧制力恒定时，辊缝凸度随宽度的变化规律如图 6-11（a）所示。从图中可以看出，带钢宽度越大产生的辊缝凸度越小，支承辊新辊形与原辊形的辊缝凸度差最大为 $7.5\mu m$，表明新辊形对降低带钢凸度具有一定效果。凸度较小的中间坯对于精轧板形控制特别是精轧上游凸度控制是十分有利的。图 6-11（b）反映了一定宽度的带钢在轧制力作用下辊缝凸度变化的情况。该图中直线斜率的倒数即为辊缝的横向刚度。辊缝横向刚度反映了辊缝凸度在轧制力波动时变化的情况。通过计算得出原辊形和新辊形的辊缝横向刚度分别为 $197kN/\mu m$ 和 $202kN/\mu m$，可见使用支承辊新辊形使辊缝横向刚度略有提高，从而使带钢凸度在轧制力波动时产生较小的变化，更有利于稳定轧制。

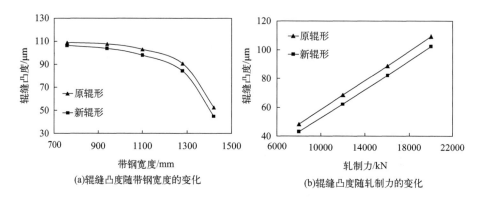

图 6-11 粗轧机架变接触支承辊凸度调节能力

(2) 精轧上游机架变接触支承辊辊形对板形的影响

精轧机组承担着控制带钢板形的主要任务。对于精轧上游机架来说，弯辊力

对带钢凸度的控制作用不容忽视。图 6-12（a）计算了支承辊采用原辊形和新辊形时弯辊力分别处于最小（0）和最大（180kN）时辊缝凸度变化情况。图中 C_{min} 和 C_{max} 分别代表支承辊为原平辊无弯辊力作用和弯辊力为最大时的辊缝凸度变化情况，V_{min} 和 V_{max} 分别代表支承辊为新变接触辊形时无弯辊力作用和弯辊力为最大时的辊缝凸度变化情况。最小弯辊力和最大弯辊力之间的区域代表了弯辊力对凸度的调节范围。从图中可以看出，新辊形可以使辊缝凸度略微降低，降幅在 $17\mu m$ 左右。通过计算辊缝横向刚度得出，支承辊采用原辊形和新辊形的辊缝横向刚度分别为 $242kN/\mu m$ 和 $247kN/\mu m$，新辊形的应用使辊缝横向刚度提高了 2.1%。弯辊力对辊缝横向刚度的影响不大。

图 6-12（b）为支承辊分别采用两种辊形时辊缝凸度随弯辊力变化的情况。从图中可以看出，弯辊力与辊缝凸度基本上呈线性关系。图中直线的斜率代表了弯辊力调控功效，斜率越大弯辊力调控功效越好，也就代表了弯辊力可以调节的凸度范围越大。通过计算得出支承辊原辊形和新辊形的弯辊力调控功效分别为 $0.0567\mu m/kN$ 和 $0.0663\mu m/kN$，支承辊应用新辊形后的弯辊力调控功效提高了 16.9%，从而提高了弯辊力的调节范围和控制能力。

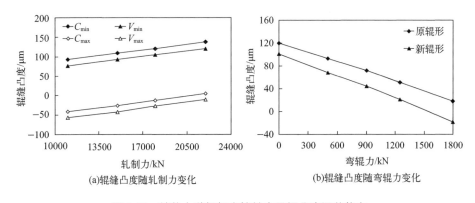

(a)辊缝凸度随轧制力变化　　　　　(b)辊缝凸度随弯辊力变化

图 6-12　精轧上游机架变接触支承辊凸度调节能力

(3) 精轧下游机架变接触支承辊辊形对板形的影响

精轧下游是控制带钢平坦度的主要机架。为使带钢平坦度良好，在轧制厚度较薄的带钢时精轧下游机架基本上是恒比例凸度轧制的状态。由于精轧下游对带钢最终的板形质量影响最大，因此辊形的改变对板凸度的影响不容忽视。和精轧上游一样，图 6-13（a）为辊缝凸度随轧制力变化的情况。由于精轧下游变接触支承辊的辊形凸度小且中部更平坦，因此新辊形对辊缝横向刚度的影响不大。精轧下游辊缝横向刚度大体在 $130kN/\mu m$ 上下，远比精轧上游小，这是由于精轧下游工作辊直径小，工作辊也就更容易挠曲变形。从图 6-13（b）也可以看出，支承辊新辊形和原辊形的弯辊力调控功效也相差不大，约为 $0.11\mu m/kN$，精轧下游弯辊力调控功效远比上游要大。由此可见，精轧下游辊缝凸度对轧制力和弯辊力都很敏感。正因如此，对于精轧下游机架来说，稳定的轧制力和准确的弯辊力控制对于带钢质量控制来说非常重要。

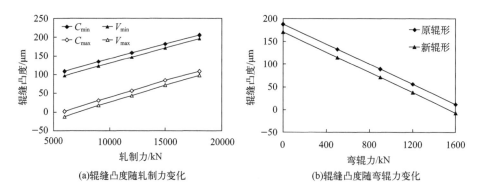

(a)辊缝凸度随轧制力变化　　　　　　　(b)辊缝凸度随弯辊力变化

图 6-13　精轧下游机架变接触支承辊凸度调节能力

6.3.3　工业应用

支承辊新辊形的应用对于改善支承辊磨损、提高其辊形自保持性作用明显，尤其是可以显著降低支承辊辊耗，从而节省生产成本，这些方面的作用在本书中已经进行了详细说明，这里不再赘述。支承辊新辊形在该轧机全部机架应用以后，我们统计了应用支承辊新辊形前后轧制同种无取向电工钢且其他轧制条件相同时的带钢精轧出口凸度的情况，如图 6-14 所示，图中所有带钢的目标凸度均为 $40\mu m$。从图中可以大体看出，应用新辊形后的带钢精轧出口凸度总体低于之前的水平。通过统计得出，支承辊未采用新辊形时和全面采用新辊形后无取向电工钢精轧出口平均凸度分别为 $43.41\mu m$ 和 $41.02\mu m$，新辊形的应用使带钢平均凸度降低了 5.5%，带钢凸度总体水平更接近目标凸度值，这就证明了支承辊变接触辊形对带钢凸度的调控效果。

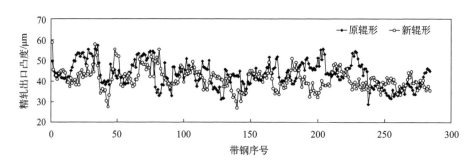

图 6-14　变接触支承辊应用前后无取向电工钢凸度变化情况

6.4 支承辊倒角改进

2050mm 热连轧机精轧机组由 7 机架四辊轧机组成。工作辊辊身长度为 2350mm，支承辊辊身长度为 2050mm，支承辊两侧各设置 200×2mm 的倒角，如图 6-15 所示。对于四辊轧机来说，支承辊的主要作用是减少工作辊的挠曲变形，增强辊系刚度，便于获得板形良好的带钢。支承辊两侧倒角可避免工作辊压靠支承辊边部，造成剥落。支承辊两侧倒角靠近边部处，将不再对工作辊起到支承作用。因此，按照当前倒角参数，该轧机所能生产的带钢宽度为：2050mm－$200 \times 2 = 1650$mm。板坯宽度超过 1650mm 的带钢，超过中部 1650mm 跨度的部分，将失去支承辊的支撑，边部板形将受到影响。该轧机所生产的宽度 1800mm 以上的带钢的比例占到 16% 以上，为了控制宽规格带钢板形，可将支承辊倒角长度减小，或倒角深度减小。

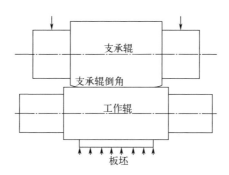

图 6-15　工作辊与支承辊接触示意图

为增大支承辊与工作辊的接触长度，提高支承辊的支承刚度，对支承辊倒角参数进行了改进，将原倒角深度由 2mm 高度改为 1.5mm，长度仍按 200mm 控制。如表 6-2 所示，支承辊倒角采用两段圆弧过渡，新倒角将一段圆弧的径向高度由 0.75mm 改为 0.6mm，为使圆弧形状更加平缓，将圆角的曲率半径由 25000mm 增大为 30000mm；二段圆弧径向高度由 2mm 改为 1.5mm，将圆角的曲率半径由 4000mm 增大为 5000mm。

表 6-2　支承辊边部倒角参数值

倒角设计形状	参数	原倒角/mm	新倒角/mm
一段圆弧	径向高度	0.75	0.6
	圆角半径	25000	30000

倒角设计形状	参数	原倒角/mm	新倒角/mm
二段圆弧	径向高度	2	1.5
	圆角半径	4000	5000

新倒角上机试验首先在精轧上游 F3 机架开展，如图 6-16 所示，上机后轧制状态稳定，在机运行安全，板形控制未出现明显异常；随后新倒角在精轧机组所有机架投入使用，跟踪板形情况未见异常。

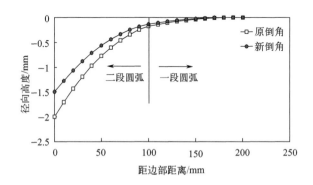

图 6-16 支承辊边部新旧倒角对比

需要说明的是，虽然对支承辊倒角参数进行了优化，磨削过程中由于进刀量大，倒角处实际几何形状与设计形状可能存在较大差异。因此，新倒角对宽板的支承刚度较为有限。在此建议将支承辊倒角长度由 200mm 减为 150mm，高度由 2mm 减为 1.8mm 或 1.5mm。

6.5 其他措施及应用效果

6.5.1 带钢目标凸度设定

某 2050mm 热连轧生产线带钢目标凸度控制标准较为宽泛，如表 6-3 所示。从表中可见，不同宽度的 6mm 以下供冷料目标凸度均设置为 40μm。而实际情况是，宽度越大，厚度越大，板形良好的前提下，允许的带钢凸度也越大。而该控制标准中，宽度 900mm 与 1880mm 的带钢凸度控制目标相同，厚度 1.8mm 与 6mm 的带钢凸度控制目标也相同。这显然是不合理的。对于超宽厚规格产品，追求较小的目标凸度，将超过轧机板形控制能力，导致复杂板形缺陷，不利于板形控制。因此，根据宽度和厚度变化，结合实际板形控制需要，对带钢凸度控制目标等内容进行了修订，修订后的控制目标更符合实际需要（如表 6-4 所示），更有利于轧机板形控制能力发挥，更有利于现场板形控制。

表 6-3　带钢原目标凸度控制标准

厚度/mm	宽度/mm	凸度控制标准/μm	
		目标	范围
1.8～6.0	900～1500	40	30～60
	>1500～1880	40	30～60
>6.0～12.0	900～1500	60	20～100
	>1500～1880	70	20～120

表 6-4　修订后的目标凸度控制标准　　　　　　单位：mm

厚度	宽度					
	$w<1000$	$1000{\leqslant}w<1150$	$1150{\leqslant}w<1300$	$1300{\leqslant}w<1450$	$1450{\leqslant}w<1600$	$1600{\leqslant}w$
$h<1.70$	0.03	0.035	0.035	0.04	0.04	0.045
$1.70{\leqslant}h<2.50$	0.03	0.04	0.04	0.04	0.04	0.045
$2.50{\leqslant}h<2.75$	0.04	0.04	0.04	0.045	0.05	0.05
$2.75{\leqslant}h<3.00$	0.04	0.045	0.045	0.05	0.055	0.055
$3.00{\leqslant}h<3.40$	0.04	0.055	0.055	0.055	0.06	0.07
$3.40{\leqslant}h<4.00$	0.045	0.055	0.055	0.055	0.065	0.07
$4.00{\leqslant}h<5.00$	0.045	0.055	0.055	0.065	0.065	0.07
$5.00{\leqslant}h<6.00$	0.05	0.06	0.06	0.07	0.07	0.07
$6.00{\leqslant}h<7.50$	0.05	0.06	0.06	0.07	0.07	0.08

6.5.2　入口凸度设定

2050mm 热连轧生产线采用西马克 PCFC 板形控制系统，系统将带钢 C40 凸度与带钢宽度方向中点厚度的比值定义为比例凸度。各机架凸度按照等比例凸度控制原则进行分配。但从统计结果来看，实际的比例凸度分配值并非以等比例凸度原则进行分配，实际值与目标值存在较大偏差，尤其以 F1 和 F2 机架偏差最大。从模型对各机架的凸度计算值分配来看，除 F1 机架外，其余机架凸度逐渐降低，符合凸度控制原则，然而 F1 机架凸度分配值却较为异常。进一步调查发现，深冲钢出现猫耳形板廓时，F1～F3 机架的窜辊位置处于或靠近负极限位置，以增加带钢的凸度。试验结果显示，若限定 F1～F3 机架窜辊位置（如零位保持不变），则猫耳形板廓缺陷得到较大改善，因此可知，模型凸度计算与分配不合理，是引起深冲钢猫耳形板廓缺陷的重要因素。但限制窜辊位置将造成工作辊局部磨损加剧，因此不宜长期使用。

在考虑带钢宽度、入口厚度、出口厚度和成分的基础上，结合不同窜辊位置的凸度调节能力，PCFC 板形控制系统根据精轧出口目标凸度和精轧入口设定凸度来分配各机架凸度控制任务。由于精轧机入口不检测板坯凸度，系统将入口板坯凸度均以厚度的 1‰进行设定，出口目标凸度则根据带钢宽度、厚度及冷轧实际需要进行设定。对于宽度 1500mm 以上带钢，现场均以 40μm 目标凸度进行控制，控制目标较为宽泛。为更好地控制板形，现场根据带钢厚度和宽度，并结合冷轧控制需要重新设定目标凸度控制要求，将出口目标凸度设置为 30～80μm。同时，现场对板坯在精轧入口的凸度进行测量发现，其凸度多在厚度的 1.5‰以上，因此对原精轧入口设定的凸度不合理。

结合实际生产过程中 F1 和 F2 机架凸度设定过大窜辊多处于负极限位置的问题，将系统中入口设定凸度调整为 1.5‰。通过改进精轧出口目标凸度和精轧入口设定凸度，各机架比例凸度分配及模型凸度计算值趋于合理（如图 6-17 和图 6-18 所示），工作辊循环窜辊趋于正常。

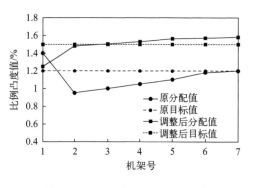

图 6-17 入口设定凸度调整前后
各机架比例凸度变化

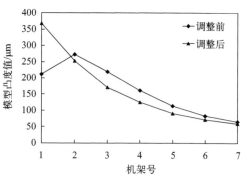

图 6-18 入口设定凸度调整前后
各机架模型凸度计算值

6.5.3 轧制过程温度控制

为得到细小而均匀的铁素体晶粒，亚共析钢的终轧温度应略高于 Ar3 相变点（冷却时由奥氏体中开始析出先共析铁素体的温度），此时为单相奥氏体晶粒，组织均匀，轧后带钢具有良好的力学性能。若终轧温度在 Ar3 相变点以下，不仅在两相（奥氏体和铁素体）区中金属塑性不好，还会产生带状组织，并且由于卷取后的退火作用，完成相变部分的晶粒因承受压力加工而粗大，结果会得到不均匀的混合晶粒组织，在力学性能方面使屈服极限稍微降低，延伸率减小，深冲性能急剧恶化，加工性变坏。热轧终轧温度并不一定是越高越好，每一系合金终轧温度都有一定的控制范围。太高对组织有一定影响，太低又不利于轧制压下而损失轧制力。一般终轧温度在 $800 \sim 900 ℃$ 范围内。

从粗轧出口温度曲线显示带钢整体温度均匀性差：曲线显示带钢呈现中间部分温度偏低，或带钢头部和中间部分都较低的现象。通过对精轧入口板坯的红外温度和精轧出口多功能仪进行观测，板坯温度呈现边部最低，次边部最高，中部偏低的现象。结合加热炉性能状态，分析原因与板坯在炉加热的时间和板坯加热温度不均匀有关。为保证温度控制的精确性，需要提高板坯的加热效果，保证出炉板坯在操作要点中的温度要求范围内以及出炉板坯的温度均匀性。

为减轻板坯横向温度分布不均匀，主要从加热炉、辊道保温罩、边部加热器和轧制过程冷却水等方面进行控制。第一，要确保板坯在加热炉内的保温时间，避免因轧制节奏过快导致的未烧透问题；第二，开启辊道保温罩，减少温度不均匀分布；第三，确保精轧机各冷却水嘴，尤其是机架间冷却水喷淋正常，不堵塞、漏水、不偏斜。

6.6　本章小结

本章的主要结论如下。

① 根据比例凸度控制原则，本章计算了轧制无取向电工钢和普钢时的各机架比例凸度和入口凸度控制范围，对比发现无取向电工钢的平坦度死区更窄，各机架凸度控制更加严格，结合现场中间坯板形测量数据，分析了现场轧制中容易出现浪形缺陷的原因。

② 根据变凸度辊形设计原理，开发了适用于 1580mm 热连轧机的工作辊变接触 UVC 辊形。该辊形通过正弦函数的叠加使轧机凸度控制能力随带钢宽度减小下降趋势放缓，使其在轧制宽规格和窄规格带钢时同时具有较大的凸度控制能力，从而增强了轧机整体的板形调控能力。

③ 支承辊变接触辊形通过改变工作辊的挠曲间接改变带钢板形。有限元仿真表明，同样的轧制条件下，变接触支承辊可以降低辊缝凸度值，对于精轧机架来说，变接触支承辊还可以提高弯辊力调控功效。相比精轧上游机架，精轧下游机架辊缝横向刚度更小，弯辊力调控功效更大，因此应该更加稳定和准确地对精轧下游机架的轧制力和弯辊力进行控制。工业应用表明，变接触支承辊可以使精轧出口电工钢凸度得到一定程度降低，这对于获得理想的电工钢目标凸度值具有

一定效果。

④ 针对支承辊支承刚度不足、轧制带钢宽度较大的问题，改进了支承辊倒角参数，支承辊倒角高度由 2mm 改为 1.5mm，同时优化了两端圆弧参数，进行了支承辊倒角上机试验和应用，提高了对超宽带钢的板形控制能力。

⑤ 根据所轧带钢宽度和厚度变化，结合实际板形控制需要，对原标准中的凸度控制目标等内容进行了修订，修订后的控制目标更符合实际需要，更有利于轧机板形控制能力发挥，更有利于现场板形控制。

⑥ 结合某轧机实际生产过程中 F1 和 F2 机架凸度设定过大、窜辊多处于负极限位置的问题，将系统中入口设定凸度从 1％ 调整为 1.5％。通过改进精轧出口目标凸度和精轧入口设定凸度，各机架比例凸度分配及模型凸度计算值趋于合理，工作辊循环窜辊趋于正常。

⑦ 为控制工作辊热磨削问题，保证工作辊磨削前充分冷却和工作辊辊形上机精度，制定了轧辊磨削制度。同时，为避免出现轧制单位内逆宽轧制和强度跳跃等问题，制定轧制计划编排工艺制度，改善了板形控制效果和模型自学习精度。

⑧ 为提高带钢温度控制精度，根据需要制定了热轧工艺用水制度，从而可较大程度地保证轧制过程各环节冷却水喷射均匀，使带钢横向温度分布均匀性得到改善。

参考文献

[1] 郭剑波，连家创，涂月红. 热带钢连轧机工作辊温度场和热凸度计算 [J]. 燕山大学学报，1998（03）：70-73.

[2] 高建红，黄传清，王敏，等. 基于 ANSYS 的热轧工作辊温度场的有限元分析 [J]. 塑性工程学报，2009（03）：218-221.

[3] 郭忠峰，徐建忠，李长生，等. 1700 热连轧机轧辊温度场及热凸度研究 [J]. 东北大学学报（自然科学版），2008，29（4）：517-520.

[4] 张绚丽，张杰，魏钢城，等. 带钢热连轧机工作辊温度场及热辊形的理论与实验研究 [J]. 冶金设备，2002（3）：1-3，15.

[5] Stevens P G，Ivens K P，Harper P. Increasing work-roll life by improved roll-cooling practice [J]. Journal of the Iron and Steel Institute，1971，209（1）：1-11.

[6] 李维刚，刘相华，郭朝晖. 带钢热连轧工作辊温度场与热凸度的数值模拟 [J]. 中国有色金属学报，2012（11）：3176-3184.

[7] Jiang M，Li X，Wu J，et al. A precision on-line model for the prediction of thermal crown in hot rolling processes [J]. International Journal of Heat and Mass Transfer，2014，78：967-973.

[8] Abbaspour M，Saboonchi A. Work roll thermal expansion control in hot strip mill [J]. Applied Mathematical Modelling，2008，32（12）：2652-2669.

[9] 周旭东，王国栋. 工作辊分段冷却小脑模型模糊控制 [J]. 东北大学学报，1997（01）：79-83.

[10] 刘宏民，贾春玉，单修迎. 智能方法在板形控制中的应用 [J]. 燕山大学学报，2010（01）：1-5.

[11] 何忠治，赵宇，罗海文. 电工钢 [M]. 北京：冶金工业出版社，2012.

[12] 王楠. 取向硅钢二次再结晶过程微观组织转变的动态研究 [D]. 沈阳：东北大学，2011.

[13] 张正贵. 无取向硅钢织构与性能的研究 [D]. 沈阳：东北大学，2008.

[14] 熊力. 无取向硅钢在家用微电机中的应用研究 [D]. 武汉：华中科技大学，2013.

[15] 李红英，李阳华，王晓峰，等. 28CrMnMoV 钢过冷奥氏体连续冷却转变研究 [J]. 中南大学学报（自然科学版），2014（10）：3363-3372.

[16] 邓伟，高秀华，秦小梅，等. 冷却速率对变形与未变形 X80 管线钢组织的影响 [J]. 金属学报，2010（08）：959-966.

[17] 罗阳. Fe-Si（≤8wt-%）-C（≤0.1wt-%）局部三元相图和等硅与等碳赝二元剖面 [J]. 金属学报，1988（03）：253-260.

[18] Marker M C J，Skolyszewska-Kühberger B，Effenberger H S，et al. Phase equilibria and structural investigations in the system Al-Fe-Si [J]. Intermetallics，2011，19（12）：1919-1929.

[19] Puchi-Cabrera E S，Guérin J，Dubar M，et al. Constitutive description for the design of hot-working operations of a 20MnCr5 steel grade [J]. Materials & Design，2014，62：255-264.

[20] 杨合，詹梅. 材料加工过程实验建模方法 [M]. 西安：西北工业大学出版社，2008.

[21] Zener C，Hollomon J H. Effect of Strain Rate Upon Plastic Flow of Steel [J]. Journal of Applied Physics，1944，15（1）：22.

[22] Sellars C，McTegart W. On the mechanism of hot deformation [J]. Acta Metallurgica，1966，14：1136-1138.

[23] He A，Xie G，Yang X，et al. A physically-based constitutive model for a nitrogen alloyed ul-tralow carbon stainless steel [J]. Computational Materials Science，2015，98：64-69.

[24] Trimble D，O Donnell G E. Constitutive Modelling for elevated temperature flow behaviour of AA7075 [J]. Materials & Design，2015，76：150-168.

[25] 张兴全，彭颖红，阮雪榆. Ti17 合金本构关系的人工神经网络模型 [J]. 中国有色金属学报，1999 (03)：590-595.

[26] 王煜，孙志超，李志颖，等. 挤压态 7075 铝合金高温流变行为及神经网络本构模型 [J]. 中国有色金属学报，2011 (11)：2880-2887.

[27] Sheikh-Ahmad J，Twomey J. ANN constitutive model for high strain-rate deformation of Al 7075-T6 [J]. Journal of Materials Processing Technology，2007，186 (1-3)：339-345.

[28] Xiao X，Liu G Q，Hu B F，et al. A comparative study on Arrhenius-type constitutive equations and artificial neural network model to predict high-temperature deformation behaviour in 12Cr3WV steel [J]. Computational Materials Science，2012，62：227-234.

[29] Samantaray D，Mandal S，Bhaduri A K. A comparative study on Johnson Cook，modified Zeril-li-Armstrong and Arrhenius-type constitutive models to predict elevated temperature flow behav-iour in modified 9Cr-1Mo steel [J]. Computational Materials Science，2009，47 (2)：568-576.

[30] 连家创，戚向东. 板带轧制理论与板形控制理论 [M]. 北京：机械工业出版社，2013.

[31] 王国栋. 板形控制和板形理论 [M]. 北京：冶金工业出版社，1986.

[32] 康永林. 轧制工程学 [M]. 北京：冶金工业出版社，2010.

[33] 尹云洋，杨王玥，李龙飞，等. 基于过冷奥氏体动态相变的热轧 TRIP 钢组织控制Ⅱ. 动态相变后冷却速率 [J]. 金属学报，2010 (02)：161-166.

[34] 曾攀，雷丽萍，方刚. 基于 ANSYS 平台有限元分析手册——结构的建模与分析 [M]. 北京：机械工业出版社，2011.

[35] 龚曙光，谢桂兰，黄云清. ANSYS 参数化编程与命令手册 [M]. 北京：机械工业出版社，2009.

[36] 张红松，胡仁喜，康士廷. ANSYS 14.5/LS-DYNA 非线性有限元分析实例指导教程 [M]. 北京：机械工业出版社，2013.

[37] 熊勇刚，刘云豫，陈科良，等. 基于热力耦合的铸轧辊弹性变形数值模拟 [J]. 中南大学学报（自然科学版），2009 (04)：969-973.

[38] 王连生，杨荃，何安瑞，等. 热轧宽带钢厚度及轧制力横向分布的研究 [J]. 钢铁，2011，46 (6)：55-59.

[39] 许焕宾. 带钢热连轧机轧辊与轧件的力学行为及仿真 [D]. 北京：北京科技大学，2010.

[40] Buessler P，Schoenberger P. Analysis of Hot Rolling by an Elasto--Visco-Plastic Finite Element Method [C]. Science and Technology of Flat Rolling，1987 (8)：K19870539.

[41] Liu M. Finite element analysis of large contact deformation of an elastic-plastic sinusoidal asperity and a rigid flat [J]. International Journal of Solids and Structures，2014，51 (21-22)：3642-3652.

[42] Bandeira A A，Wriggers P，de Mattos Pimenta P. Numerical derivation of contact mechanics in-terface laws using a finite element approach for large 3D deformation [J]. International Journal for Numerical Methods in Engineering，2004，59 (2)：173-195.

[43] 令狐克志，杨荃，何安瑞，等．宽带钢轧机辊间压力分布和轧制压力耦合求解 [J]．钢铁研究学报，2008（05）：23-26．

[44] 白金兰，王军生，王国栋，等．六辊轧机辊间压力分布解析 [J]．东北大学学报（自然科学版），2005，26（2）：133-136．

[45] 杜凤山，黄华贵，许志强．大型非均质轧辊辊间接触应力分布规律的研究 [J]．工程力学，2006，23（7）：176-179，141．

[46] Kong N，Cao J，Wang Y，et al. Development of Smart Contact Backup Rolls in Ultra-wide Stainless Strip Rolling Process [J]. Materials and Manufacturing Processes，2014，29（2）：129-133．

[47] Tran D C，Tardif N，Limam A. Experimental and numerical modeling of flatness defects in strip cold rolling [J]. International Journal of Solids and Structures，2015，69-70：343-349．

[48] Ginzburg V B. 高精度板带材轧制理论与实践 [M]．北京：冶金工业出版社，2000．

[49] Hur Y，Choi Y. A Fuzzy Shape Control Method for Stainless Steel Strip on Sendzimir Rolling Mill [J]. Journal of Iron and Steel Research，International，2011，18（3）：17-23．

[50] James M N. Residual stress influences on structural reliability [J]. Engineering Failure Analysis，2011，18（8）：1909-1920．

[51] Seif M，Schafer B W. Local buckling of structural steel shapes [J]. Journal of Constructional Steel Research，2010，66（10）：1232-1247．

[52] Zhang J，Tian L，Patrizi P，et al. New parameters for the description of hot rolled strip transverse temperature distribution：Preliminary applications [J]. Ironmaking & Steelmaking，2009，36（4）：311-315．

[53] 张杰，李娜，曹建国，等．热轧带钢横向温度研究方法及测量分析 [J]．北京科技大学学报，2007（S2）：140-143．

[54] Martínez F J，Canales M，Bielsa J M，et al. Relationship between wear rate and mechanical fatigue in sliding TPU-metal contacts [J]. Wear，2010，268（3-4）：388-398．

[55] Wang G，Qu S，Lai F，et al. Rolling contact fatigue and wear properties of 0.1C-3Cr-2W-V nitrided steel [J]. International Journal of Fatigue，2015，77：105-114．

[56] Brouzoulis J. Wear impact on rolling contact fatigue crack growth in rails [J]. Wear，2014，314（1-2）：13-19．

[57] Xu D，Zhang J，Li H，et al. Research on surface topography wear of textured work roll in cold rolling [J]. Industrial Lubrication and Tribology，2015，67（3）：269-275．

[58] 徐冬，李洪波，张杰，等．冷轧平整机毛化辊表面形貌特征多参数对比分析 [J]．中南大学学报（自然科学版），2014（03）：734-741．

[59] Dong Q，Cao J，Li H，et al. Analysis of spalling in roughing mill backup rolls of wide and thin strip hot rolling process [J]. steel Research International，2015，86（2）：129-136．

[60] 陈连生，连家创．热带钢轧机轧辊磨损研究 [J]．钢铁，2001（01）：66-69．

[61] 肖刚，胡秋．轧辊磨损及其预报 [J]．润滑与密封，2002（05）：60-62．

[62] 邹家祥．轧辊磨损预报计算 [J]．钢铁，1986（07）：23-27．

[63] 何安瑞，张清东，徐金梧，等．热轧工作辊磨损模型的遗传算法 [J]．钢铁，2000（02）：58-61．

[64] 孔祥伟，史静，徐建忠，等．热带钢轧机轧辊磨损预测 [J]．东北大学学报，2002

(08)：790-792.

[65] 曹建国，张杰，甘健斌，等．无取向硅钢热轧工作辊磨损预报模型 [J]．北京科技大学学报，2006 (03)：286-289.

[66] 邵健，何安瑞，杨荃，等．兼顾热轧工艺润滑的工作辊磨损预报模型 [J]．中国机械工程，2009 (03)：361-364.

[67] Wang X，Yang Q，He A，et al. Comprehensive contour prediction model of work rolls in hot wide strip mill [J]. Journal of University of Science and Technology Beijing，Mineral，Metallurgy，Material，2007，14 (3)：240-245.

[68] 张伍军，张成瑞．在线磨辊技术在 PC 轧机上的应用效果 [J]．轧钢，2005 (01)：62-64.

[69] 邵健，何安瑞，杨荃，等．热轧工作辊变行程窜辊策略 [J]．北京科技大学学报，2011 (01)：93-97.

[70] Li W，Guo Z，Yi J，et al. Optimization of Roll Shifting Strategy of Alternately Rolling in Hot Strip Mill [J]. Journal of Iron and Steel Research，International，2012，19 (5)：37-42.

[71] 李维刚，郭朝晖，刘相华．热轧带钢窜辊策略与综合辊型的研究及应用 [J]．钢铁，2012 (09)：43-49.

[72] 李洪波，张杰，曹建国，等．CVC 热连轧机支持辊不均匀磨损及辊形改进 [J]．北京科技大学学报，2008 (05)：558-561.

[73] 陈先霖，张杰，张清东，等．宽带钢热连轧机板形控制系统的开发 [J]．钢铁，2000 (07)：28-33.

[74] Cao J，Liu S，Zhang J，et al. ASR work roll shifting strategy for schedule-free rolling in hot wide strip mills [J]. Journal of Materials Processing Technology，2011，211 (11)：1768-1775.

[75] 符寒光．铸造高速钢轧辊材质研究进展 [J]．铸造，2009 (10)：1016-1020.

[76] Li C，Liu X，Wang G. New method for evaluating thermal wear of rolls in rolling process [J]. Journal of Iron and Steel Research，International，2008，15 (6)：52-55.

[77] Zhu H，Zhu Q，Tieu A K，et al. A simulation of wear behaviour of high-speed steel hot rolls by means of high temperature pin-on-disc tests [J]. Wear，2013，302 (1-2)：1310-1318.

[78] Nilsson M，Olsson M. Microstructural，mechanical and tribological characterisation of roll materials for the finishing stands of the hot strip mill for steel rolling [J]. Wear，2013，307 (1-2)：209-217.

[79] 温诗铸，黄平．摩擦学原理 [M]．北京：清华大学出版社，2012.

[80] 曹建国，陈先霖，张清东，等．宽带钢热轧机轧辊磨损与辊形评价 [J]．北京科技大学学报，1999 (02)：188-190.

[81] 何安瑞．宽带钢热轧精轧机组辊形的研究 [D]．北京：北京科技大学，2000.

[82] Ding Y，Rieger N F. Spalling formation mechanism for gears [J]. Wear，2003，254 (12)：1307-1317.

[83] Ning K，Cao J，Wang Y，et al. Development of smart contact backup rolls in ultra-wide stainless strip rolling process [J]. Materials and Manufacturing Processes，2014，29 (2)：129-133.

[84] Prasad M S，Dhua S K，Singh C D，et al. Genesis of spalling in tandem mill work-rolls：Some observations in microstructural degeneration [J]. Journal of Failure Analysis and Prevention，2005，5 (6)：30-38.

[85] Ray A, Prasad M S, Barhai P K, et al. Microstructural characteristics of prematurely failed cold-strip mill work-rolls: Some observations on spalling susceptibility [J]. Journal of Materials Engineering and Performance, 2005, 14 (2): 194-202.

[86] Ray A, Prasad M S, Dhua S K, et al. Microstructural features of prematurely failed hot-strip mill work rolls: Some studies in spalling propensity [J]. Journal of Materials Engineering and Performance, 2000, 9 (4): 449-456.

[87] Colás R, Ramírez J, Sandoval I, et al. Damage in hot rolling work rolls [J]. Wear, 1999, 230 (1): 56-60.

[88] Jeng S, Chiou H. Analysis of surface spalling on a first intermediate roll in sendzirmir mills [J]. World Academy of Science, Engineering and Technology, 2011, 81: 566-569.

[89] Sonoda A, Hamada S, Noguchi H. Analysis of small spalling mechanism on hot rolling mill roll surface [J]. Memoirs of the Faculty of Engineering, Kyushu University, 2009, 69 (1): 1-14.

[90] Li C, Yu H, Deng G, et al. Numerical simulation of temperature field and thermal stress field of work roll during hot strip rolling [J]. Journal of Iron and Steel Research, International, 2007, 14 (5): 18-21.

[91] Benasciutti D. On thermal stress and fatigue life evaluation in work rolls of hot rolling mill [J]. Journal of Strain Analysis for Engineering Design, 2012, 5 (47): 297-312.

[92] Belzunce F J, Ziadi A, Rodriguez C. Structural integrity of hot strip mill rolling rolls [J]. Engineering Failure Analysis, 2004, 11 (5): 789-797.

[93] Choi H, Lee D, Lee J. Optimization of a railway wheel profile to minimize flange wear and surface fatigue [J]. Wear, 2013, 300 (1-2): 225-233.

[94] 李巍. 轧辊裂纹的涡流探伤检测技术 [J]. 钢铁技术, 2008 (04): 26-27.

[95] 钟群鹏, 赵子华, 张峥. 断口学的发展及微观断裂机理研究 [J]. 机械强度, 2005, 27 (3): 358-370.

[96] Slack T, Sadeghi F. Explicit finite element modeling of subsurface initiated spalling in rolling contacts [J]. Tribology International, 2010, 43 (9): 1693-1702.

[97] Johnson K L. Contact Mechanics [M]. Cambridge: Cambridge University Press, 1985.

[98] Xie H B, Jiang Z Y, Yuen W Y D. Analysis of friction and surface roughness effects on edge crack evolution of thin strip during cold rolling [J]. Tribology International, 2011, 44 (9): 971-979.

[99] Xiao H, Shao Y, Brennan M J. On the contact stiffness and nonlinear vibration of an elastic body with a rough surface in contact with a rigid flat surface [J]. European Journal of Mechanics - A/Solids, 2015, 49: 321-328.

[100] Greenwood J A, Tripp J H. The elastic contact of rough spheres [J]. ASME J. Appl. Mech., 1967, 34 (1): 153-159.

[101] Gao Y F, Bower A F, Kim K S, et al. The behavior of an elastic-perfectly plastic sinusoidal surface under contact loading [J]. Wear, 2006, 261 (2): 145-154.

[102] 朱林波, 庄艳, 洪军, 等. 一种考虑侧接触的微凸体弹塑性接触力学模型 [J]. 西安交通大学学报, 2013 (11): 48-52.

[103] Bucher F, Knothe K, Theiler A. Normal and tangential contact problem of surfaces with meas-

ured roughness [J]. Wear, 2002, 253 (1-2): 204-218.

[104] Dong Q, Cao J, Wen D. Spalling Prevention and Wear Improvement of Rolls in Steel Strip Hot-Rolling Process [J]. Journal of Failure Analysis and Prevention, 2015, 15 (5): 626-632.

[105] 张洪月. 高速钢轧辊的研究和应用 [J]. 钢铁钒钛, 2004, 25 (3): 54-60.

[106] Stone M D, Gray R. Theory and practical aspects in crown control [J]. Iron and Steel Engineering, 1965, 8: 73-90.

[107] Shohet K N, Townsend N A. Rolling bending methods of crown control in four-high plate mill [J]. Journal of the Iron and Steel Institute, 1968, 11: 1088-1098.

[108] Somers R R, Pallone G T, Mcdermott J F, et al. Verification and applications of a model for predicting hot strip profile, crown and flatness [J]. Iron and Steel Engineer, 1984, 61 (9): 35-44.

[109] 王晓东, 李飞, 王秋娜, 等. 宽带钢热连轧精轧机组成套辊形配置技术研究与应用 [J]. 钢铁, 2013 (01): 59-64.

[110] Lu C, Tieu A K, Jiang Z. A design of a third-order CVC roll profile [J]. Journal of Materials Processing Technology, 2002 (125-126): 645-648.

[111] Jiang Z, Wang G, Zhang Q, et al. Shifting-roll profile and control characteristics [J]. Journal of Materials Processing Technology, 1993, 37 (1-4): 53-60.

[112] 何伟, 邸洪双, 夏晓明, 等. 五次 CVC 辊型曲线的设计 [J]. 轧钢, 2006 (02): 12-15.

[113] 李洪波, 张杰, 曹建国, 等. 五次 CVC 工作辊辊形与板形控制特性 [J]. 机械工程学报, 2012 (12): 24-30.

[114] 李洪波, 张杰, 曹建国, 等. 三次 CVC、五次 CVC 及 SmartCrown 辊形控制特性对比研究 [J]. 中国机械工程, 2009 (02): 237-240.

[115] 彭艳, 牛山. 板带轧机板形控制性能评价方法综述 [J]. 机械工程学报, 2017, 53 (06): 26-44.

[116] 王乐, 陈晓潇, 张冲冲. 冷轧超深冲搪瓷用钢 DC06EK 产品开发 [J]. 中国冶金, 2020, 30 (07): 73-77.

[117] 李玉功. 莱钢 DDQ 级冷轧深冲钢生产工艺研究 [D]. 沈阳: 东北大学, 2017.

[118] 许峰, 肖颖, 陈前, 等. 冷轧压下率对 IF 钢微结构、织构及深冲性能的影响 [J]. 金属热处理, 2022, 47 (01): 250-255.

[119] 邵健, 何安瑞, 杨荃, 等. 热轧工作辊变行程窜辊策略 [J]. 北京科技大学学报, 2011, 33 (01): 93-97.

[120] Cao J, Xiong H, Huang X, et al. Work Roll Shifting Strategy of Uneven "Cat Ear" Wear Control for Profile and Flatness of Electrical Steel in Schedule-Free Rolling [J]. Steel Research International, 2020, 91 (9): 1900662.

[121] He H, Wang X, Yang Q, et al. Smart-shifting strategy of work rolls for downstream stands in hot rolling [J]. Ironmaking & Steelmaking, 2020, 47 (5): 512-519.

[122] He H, Shao J, Wang X, et al. Research and application of approximate rectangular section control technology in hot strip mills [J]. Journal of Iron and Steel Research International, 2021, 28 (3): 279-290.

[123] 李维刚, 郭朝晖, 刘相华. 热轧带钢窜辊策略与综合辊型的研究及应用 [J]. 钢铁, 2012, 47

（09）：43-49.

[124] 胡健. 热轧带钢轧辊磨损与起筋现象分析 [J]. 中国冶金，2014，24（11）：31-34.

[125] 崔席勇，马涛，张伟，等. 带钢热轧智能窜辊策略的研究 [J]. 重庆理工大学学报（自然科学），2019，33（11）：95-99.

[126] 董强，刘慧慧，张建水. 横向温度分布对无取向电工钢热轧板形的影响 [J]. 中国冶金，2019，29（08）：19-23.

[127] Li Y，Cao J，Qiu L，et al. Effect of strip edge temperature drop of electrical steel on profile and flatness during hot rolling process [J]. Advances in Mechanical Engineering，2019，11（4）：753305129.

[128] 董强. 宽幅电工钢热轧板形控制研究 [D]. 北京：北京科技大学，2016.